漫畫 ◎ 李少棠

上色協力 ◎ 周嘉詠

劇本 ◎ 兒童的科學 創作組

# 目錄


## 連接全球的網絡
4G?5G?互聯網有多少個G？
Wi-Fi和光纖又是甚麼？

3

## 守護這片天
大氣層有甚麼東西？
大氣成分知多少？

73

## 智能突襲！
一切皆是計算！
怎樣才算是人工智能？

17

## 鳥眼看世界
拯救小鳥大行動
如何與雀鳥共存？

87

## Mr.A的過去
你忘了做功課也是科學！
分工合作的腦部

31

## 「傳」城恐慌
疫苗是怎樣製造的？
疫苗種類知多少？

101

## 驚險探蛇記
香港也有毒蛇？
被蛇咬到怎麼辦？

45

## 蜜蜂體驗日
你不知道的蜜蜂小知識
蜜蜂的產品

115

## 雲層追逐戰
乘坐飛機時遇到雷暴很危險嗎？
人工降雨的利與弊
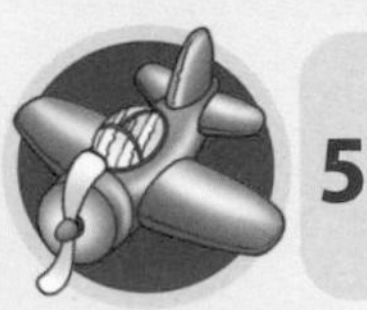
59

## 再見小Q
世界末日的倒數
減少碳排放由每餐做起

129


■＝漫畫　■＝專欄　■＝遊戲

連接全球的網絡

找到了！這個
美國的網站有我們
要的資料啊！
立即用電郵傳送
給老師吧！

互聯網真是偉大的發明，
足不出戶就能得到全球的資訊！
那確是很方便，
但你知道它如何
運作的？
今天就來認識一下它吧！

知識水晶球！

請你介紹一下
互聯網的構造。
沒問題！首先來
認識電腦網絡吧！

如果我們把小松與晴晴的電腦直接連接起來，雙方便可以互通訊息。同樣，其他電腦也可以這樣連接來分享訊息。

如果把兩組電腦連線，四台電腦就可以互通，這樣就形成了一個小型的區域網絡。

若把多個小型網絡互相連接起來，便能形成一個較大規模的中型網絡。中型網絡之間也可以互相連接，形成大型網絡。

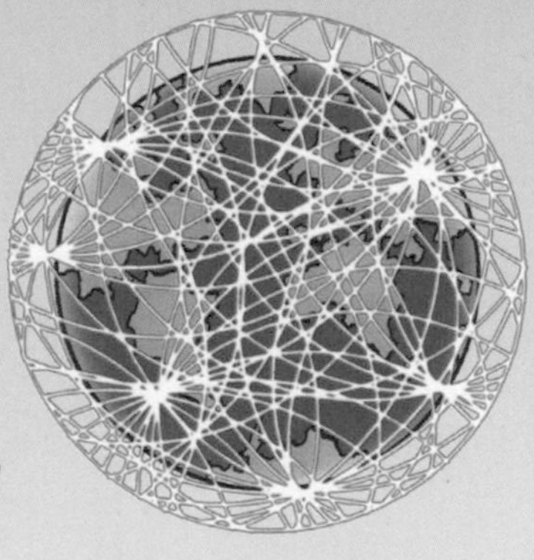

聯繫的
互聯網
互相
網絡

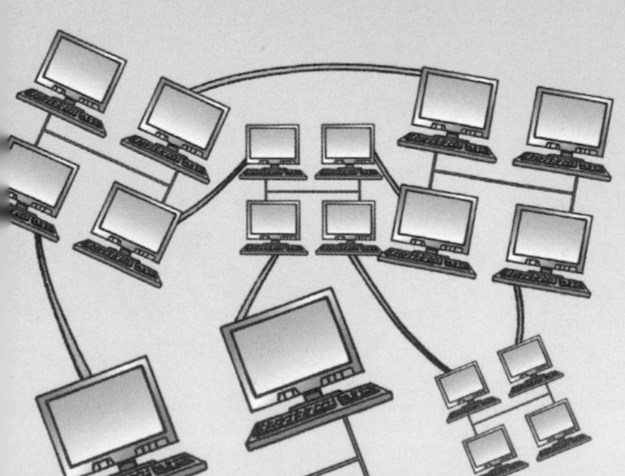

如是者，全球大大小小的網絡不斷互相連接，漸漸就構成了一個四通八達的超巨型網絡。

這就是
互聯網！

可是，電腦之間
是用甚麼來互相
連接的呢？

起初，人們借用電話線來傳輸資訊，
也就是撥號連線。但是這種方式流量低、
速度慢，且使用時電話也無法通話。
Loading...

沒多久，人們
改良了數據傳輸
方式，傳輸速度
亦不斷提高，
寬頻也誕生了！
目前傳輸線已發展成
光纖電纜，傳輸速度
得到大幅提升！

同時，無線傳輸技術
也愈趨成熟，流動無線
上網已成為主流了！

可是，亞洲與美洲之間
隔了個太平洋呢…那怎樣
把兩地的網絡連接？
亞洲
太平洋
美洲
答案很簡單，
就是…

用一條極長的傳輸線跨越它！
甚麼？
說笑吧？

要不然，你們能想到其他方法嗎？
這個…

鋪設海底電纜的巨輪上載着超過五千公里的傳輸線。
傳輸線被小心地捲曲起來，隨着巨輪橫渡大海時逐吋放下，鋪設到海底。


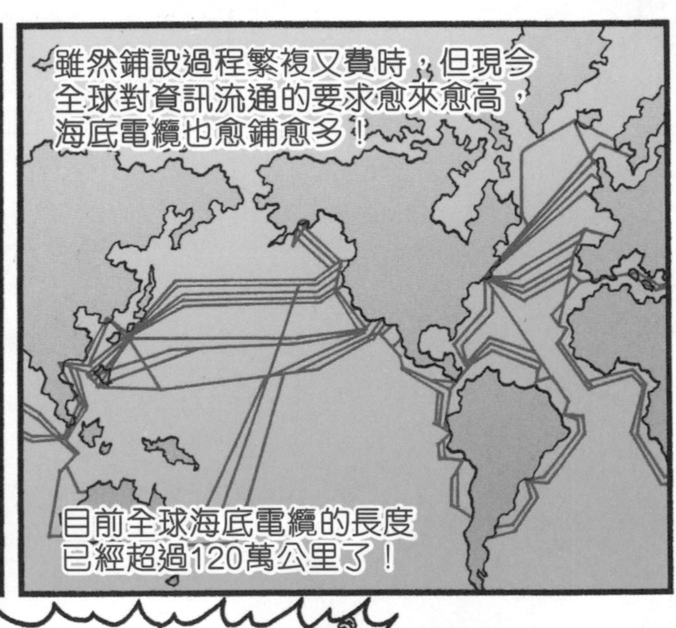

雖然鋪設過程繁複又費時，但現今全球對資訊流通的要求愈來愈高，海底電纜也愈鋪愈多！
目前全球海底電纜的長度已經超過120萬公里了！

要管理這麼龐大的網絡，背後的操控者必定很強大呢！
真想看看他是誰！

數碼化轉換通道！
只要穿過這條通道，便能變成數碼訊息，走入電腦世界！

來！我們出發吧！

嘩~~這裏就是網絡世界嗎？
就像科幻小說中的未來城市呢！
那麼，我們該往何處啊？
那邊有人！去問問他們吧！
你們好！我們想去拜訪互聯網世界的統治者，請問該往哪裏去呢？
哦？我們的世界沒有甚麼統治者的啊！
甚麼？可是互聯網的威力那麼強大，資訊那麼豐富，怎可能沒有人在背後統治呢？

哈！互聯網並不屬於任何人或機構的啊！它是全球共同擁有的寶物呢！
對啊！任何人都可以連接到互聯網，在合法的情況下接收及發佈資訊！
所以，每一個人都可以提供資訊！正是這樣，互聯網的資訊才如此豐富呢！

我們剛好要運送一封電郵呢，
不如到車上談吧！
順道帶你看看互聯網世界！
好啊！

咦？怎麼一封電郵要分
幾輛車來運送呢？
這是互聯網傳輸資訊
的一個特點呢！

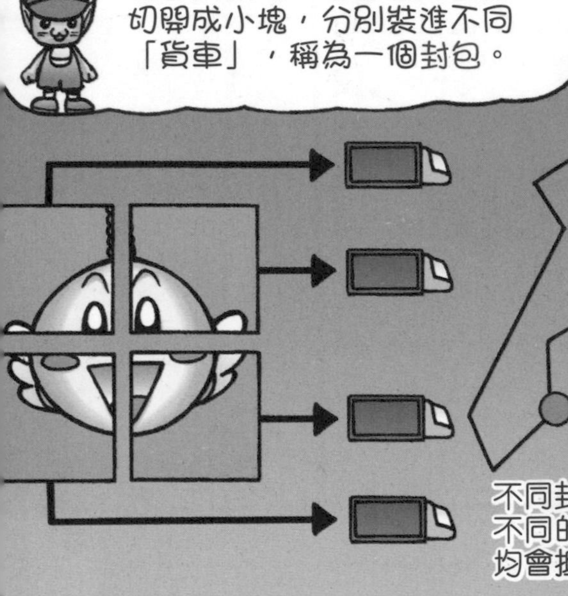
發送資訊時，電腦會把資訊
切開成小塊，分別裝進不同
「貨車」，稱為一個封包。
不同封包有可能採用
不同的路線，但最終
均會抵達同一個目的地。

抵達後只要
如拼圖般把
資訊重組，
便能得到
完整的資訊
了！

原來如此！

我們的車子不大，
你們一人上一輛
吧！
好的！
目的地
見！

好，讓我先再確認一次送信地址。
咦？那算是甚麼地址啊！連地區也沒有，只有一堆數字啊！
203.198.147.0

這就是互聯絡上使用的地址啊！


這組數字稱為「網絡位址」，又名IP。每台接連到互聯網的裝置，都必定會獲得一組獨有的IP，以作識別。

好！目的地已確認！出發！

那個是甚麼東西啊？怎麼它能指示每一輛車該走的路線呢？
那是路由器啊！


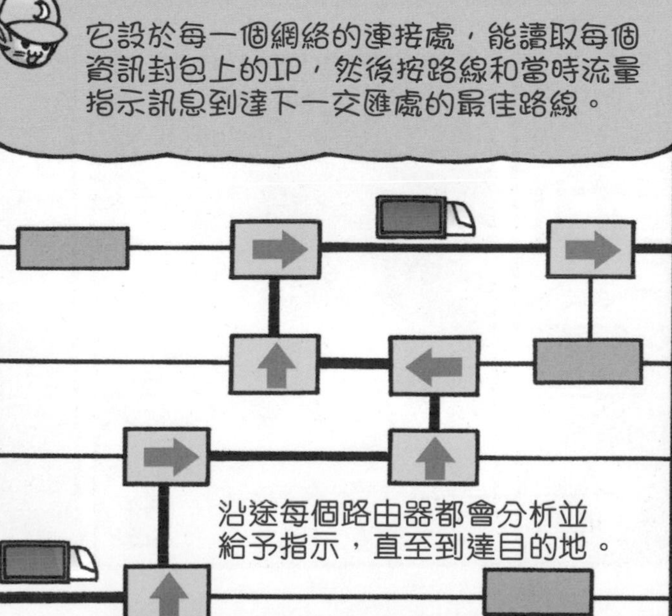

它設於每一個網絡的連接處，能讀取每個資訊封包上的IP，然後按路線和當時流量指示訊息到達下一交匯處的最佳路線。
沿途每個路由器都會分析並給予指示，直至到達目的地。

若果缺少了路由器，資訊傳輸便會大混亂！
這是誰的訊息啊？

互聯網上的訊息還真多呢！
路上滿是高速往來的車輛！
對啊！隨着時代發展，資訊的流量也愈來愈驚人呢！

它們都是運載電郵的嗎？

不是呢！互聯網有各式各樣的資訊流通，雖然資訊類型不同，但全都是使用互聯網的線路。

檔案傳輸
即時通訊
聊天軟件
網頁瀏覽
網上直播
線上遊戲
電郵

情況就如現實中，不同車輛各有不同目的，但也同時使用同一條馬路一樣。

物流
私人接載
救援
公共運輸

嘩！怎麼有這麼多印有Mr.A 標誌的貨車？

好了，我們即將進入
海底高速公路了！
哇~~很壯觀！
轟！
發生甚麼事？
突然停下來！
哎唷，看來深海發生地震，
損毀了前面的道路！
那怎麼辦!?
別怕！互聯網是一個「權力分散」的
網絡，即使某些連線受損，訊息也能經由
其他連線傳送，不會導致整個系統崩潰。
來，我們繞
別的路吧！

大剛！怎麼你們這麼久才到達啊？
剛才遇上海底地震，把線路震壞了！我們只好繞遠路，然後又遇上大擠塞！真是倒霉！
沒法子呢，原本經海底高速公路的大量資訊都湧到了其他的道路，不擠塞才怪呢！
對了！剛才你們有沒有見到路上有很多Mr.A的貨車？
有啊！
我也看到！真奇怪呢！
到底車上載着甚麼資訊？
啊！快看這裏！
這…全都是…
Mr.A產品的推銷廣告！
你們看，他們不斷把廣告塞進郵箱中！

哎吔！
這種行為…
不就是在散佈垃圾郵件嗎！
它們不單影響電子郵箱的正常使用，也令網絡更加擠塞！
而且，部分更含有惡意程式，損害電腦安全！

那麼我們該怎樣應付垃圾郵件？
.com
緊記別隨便於網上公開自己的電郵地址。

可開設多個郵箱，按需要把郵址給予不同的人。

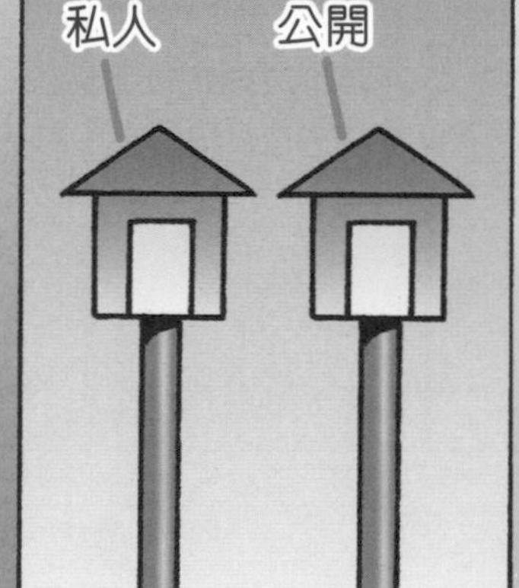


如收到來歷不明的郵件，千萬不要開啓並即時刪除！

那麼我們有方法阻止Mr.A 繼續發放垃圾郵件嗎？

自作自受槍！

只要被它的光線射中，便能把貨車目的地的IP變成發送人的IP！
也就是說，這些貨車會返回Mr.A的郵箱卸貨！
來！快把路上的Mr.A貨車趕回家！
嘻嘻…互聯網這東西真是件好工具呢！可以肆無忌憚地推銷！
好了，讓我看看有多少新增的訂單…
登入
甚麼!!
怎麼全是我寄出的廣告郵件？
郵箱已滿！
哈，你看這長長的車龍！看來Mr.A起碼要花幾小時才能把它們處理掉呢！
天啊！怎麼都清理不完？到底還有多少啊！
~完~

# 4G？5G？互聯網有多少個G？

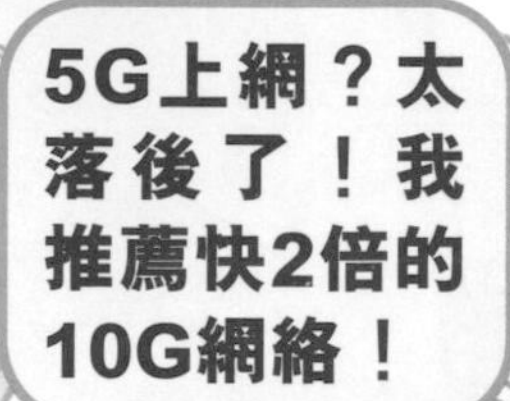

5G上網？太落後了！我推薦快2倍的10G網絡！

誰說10G只會是5G的兩倍？我告訴你數據是怎樣傳送的吧！

## 「數據」只有1和0？

所有網上資訊都是分拆成億萬個1和0組成的二進制數據後，再經網絡傳送的！


＊不明白1和0是甚麼？翻到p.29吧！

大氣電波

傳送距離較長

可見光

速度較快

抽取其中一段頻譜

（圖表經過簡化）

2G頻道 200kHz

3G頻道 5MHz

4G頻道 20MHz

5G頻道 1GHz

## 用電磁波傳送數據

無線網絡正是把這些1和0的數據轉化成波動，以電磁波方式發射和接收。電訊商在一定距離之間建立發射站，這樣就可讓電磁波覆蓋整個地區。

4G、5G中的G代表「Generation」，5G就是第5代行動通訊技術的意思。由於1G是模擬信號，所以只能傳送聲音。

Hz單位代表電磁波每秒振動的次數，200kHz即是每秒振動20萬次！

頻道就像水管，愈寬闊，流量愈大，可見5G和4G也相差50倍之多！

# 【Wi-Fi和光纖又是甚麼？】

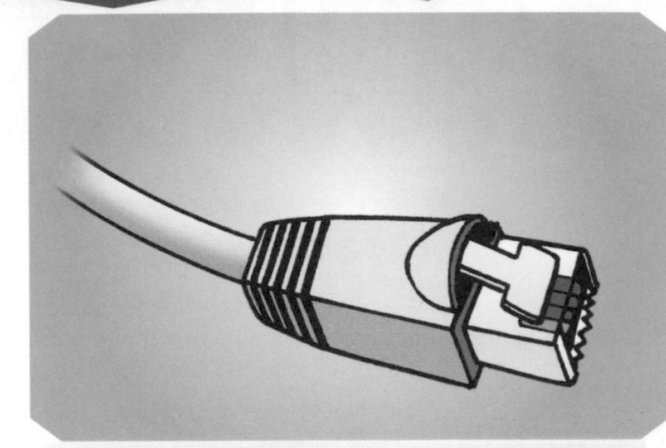

光纖傳輸是把數據化為光波，經由光纖傳送。因為光線不易受外界影響，所以適合超長距離傳輸。

Wi-Fi則是利用路由器把數據轉為電磁波，一般有2.4GHz和5GHz可供選擇。數據在有限距離下傳輸既方便又穩定，但很易被阻擋。

## 以下數個情況採用哪種上網方式較合適？

**A 流動網絡** **B Wi-Fi** **C 光纖連線**

1 使用社交軟件跟朋友對話
2 下載影片觀看
3 欣賞網上直播
4 利用開會軟件進行視像會議
5 瀏覽網頁
6 下載大型遊戲

### 答案

**A 流動網絡**

①使用社交軟件跟朋友對話 / ⑤瀏覽網頁

文字和小圖片的數據量不多，用流動網絡已足夠，而且隨時能用，非常方便。

**B Wi-Fi**

②下載影片觀看 / ③欣賞網上直播

Wi-Fi的數據流量較大，如要下載數百MB的檔案，只需數分鐘即可，看直播也不用擔心出現卡住的情況。

**C 光纖連線**

④利用開會軟件進行視像會議 / ⑥下載大型遊戲

重要的視像會議需要極穩定的連線，下載1GB以上的大型檔案也是無線網絡難以負擔的工作。

智能突襲！
小松！
快守不住了！
快醒來！
醒醒啊！小松！
嗯…
怎麼了…

哇！不得了！
轟！
砰砰砰！

小松！快幫忙射擊！
它們要攻過來了！

在哪裏？

哇！
砰砰砰～
轟!!

重炮兵！
快射擊！
哇…
是！

轟!!

嚇死我了…
還未搞清楚狀況
便那麼激烈…

大家
幹得好！
總算守住
這一波
攻擊！
不過，那些
智能機械人仍會
繼續進攻，
我們的家園
還未安穩！

真可惡！要不是 20 年前
有人下了個愚蠢的決定，
今天就不會這樣！
甚麼？
那些是人
造出來的嗎？

不！它們是達爾為了
擴張機械人領土而製造的！

達爾？
對啊，就是 2050 年時被
製造出來、智能超越人類的
那個智能機械人啊！

小心突襲！

哇！
砰！

-Game Over-

生存遊戲
智能突襲

小松你怎麼搞的！這麼快就輸掉！

甚麼啊…明明是我擊中那怪物的…
不要緊啦！我們改天再玩吧！

遊戲結束了，大家慢慢離開旋轉艙吧！

這麼快就完了…我還未玩夠啊！
哎吔～想不到智能機械是那麼可怕的！
謝謝光臨！

叮～

怎麼了？
沒甚麼，只是電話的
智能程式提醒我，
傍晚可能會下大雨而已！
甚麼？

晴晴，就是你手中的
智能電話…在未來會
統…統治我們啊！

**哈哈哈！**
**小松！你不是**
**連遊戲和現實**
**也分不清吧？**
我才是
它的主人呢，
是不會被它
控制的！
小松放心吧！
目前地球的
人工智能水平
仍不算很高，
暫時無法跟
人腦相比！

所謂人工智能，基本而言就是利用電腦程式的編寫技巧，令電腦或機械
解決某些需要智能才能解決的特定問題。例如：
電郵過濾功能
前方200米
左轉！
語音／文字／人臉辨識
自動導航
下棋
就連社交網站上的
資訊展示，也有
利用人工智能篩選！

初代的人工智能，其實並不是真的在思考。它們的所有「知識」和「思考方法」，都是由人類透過程式來制訂的，智能系統只是單純地根據程式執行運算。

難怪在電腦遊戲中，電腦角色都只懂依特定模式行動，常常被我看穿！

而再進一步的，是擁有學習和分析能力、能自行適應環境的智能系統。如今的互聯網科技，有不少也應用到這種智能。它使程式能理解圖像、語音、文字，以方便搜尋或進一步處理。

社交網站懂得自動在相片中標籤你和你的朋友，正是一個好例子！

再厲害一點的系統，還可以自行創造新知識！
例如當遇上意料之外的變化（例如其中一隻腳失靈了），
它仍可自行探索如何利用餘下 3 條腿來走路，自己創造新知識！

純粹運算
不能應對意外情況

分析能力
能應對簡單變化

創造能力
能創造新行動模式

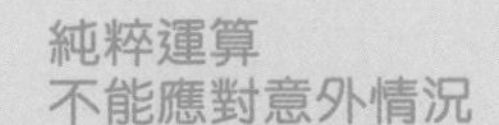

絆倒了！

前方有障礙物！繞路！
右後腿受損！調整步姿！

這種程度…看似是懂得思考了呢…
這的確是不簡單的研究！但這種程度如果跟自然界相比，仍相當原始呢！一隻小小的昆蟲，都已經能做到！

可是，隨着智能系統的複雜程度增加，取得的進展也愈大！科學家估計，在 2050 年，人類便有可能成功研發出跟人腦程度相約的人工智能！
那即是 30 年後而已，不是很久呢…
到時候，我們會跟機械人一起生活嗎？
還是我們會被它們征服啊…

嘿嘿嘿…當然是會被我們征服啊！

達爾出現了!!!

沒錯～它就是智能突襲中的
終極智能機械人達爾…的模型！

對啊～而且
它還有多種
厲害的功能！
不過，
它看起來也
頗有型呢！
真是的！
被你
嚇死了！

來表演一下吧！
扭屁股舞
單手支撐
倒立

它還配備了跟智能電話同級的
人工智能，可以跟人進行對答！

這機械人
太棒了！
它售多少錢？
新產品促銷優惠！
僅 1000 大元！

你叫甚麼名字？
你是在明知故問嗎？
被榴槤和西瓜
砸到頭，哪個較痛？
當然是頭啊！
你懂得說英文嗎？
I go to school by bus.
你太棒了！
我要把你買回家！
你家裏有香蕉嗎？
我喜歡香蕉！

哇～
這太貴
了吧～
玩過剛才的刺激遊戲
我已很滿足了～
還是快回家吧，
快要下雨了！

看你那麼
有興趣，
我私下
給你一個
秘密優惠！
這顆超越人腦的
超高科技人工智能
組件，只要安裝到
達爾身上，你便擁有
一個全地球最聰明的
伙伴！我給你一個
特別套裝價…

哈哈！
果然不能
小看你！

我可是擁有精密的計算系統的啊！
不過以人類來說，你也不賴呢！

玩了這麼久，
真是有點累呢…
你也要休息充電吧！
那你自便吧，
我小睡一會～

嘿嘿…

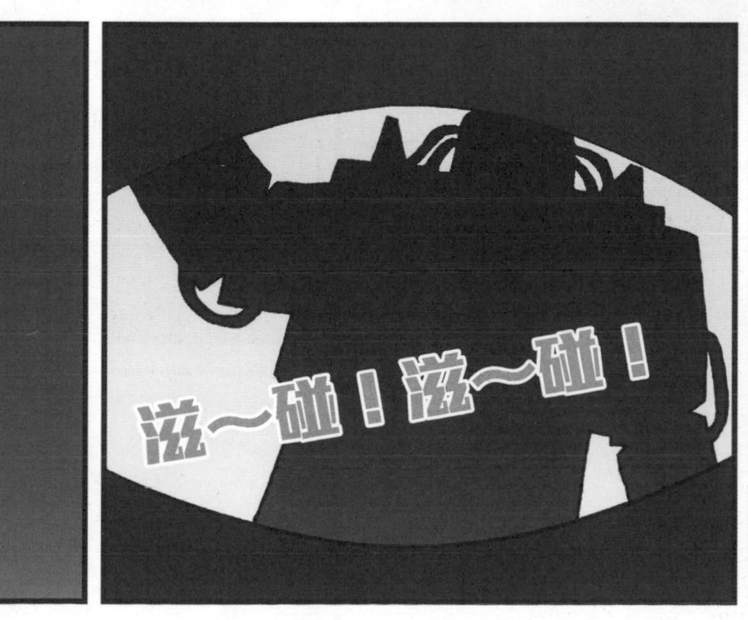
滋～碰！滋～碰！

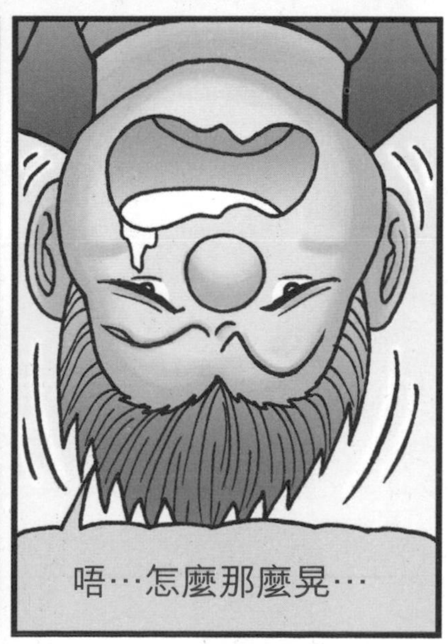
唔…怎麼那麼晃…

咦？怎麼了？
哇！
達…達爾？
你…你在
幹甚麼？
你這裏環境
真不錯！還有
大量電子設備…
非常適合作為
我侵略地球的基地！
謝謝你這份大禮了！
哇…喂！等等！
砰！
這…這次慘了…

甚麼？
怎麼可能，那台機械人明明只有智能電話程度，怎可能會自己行動呢？
其實…在你們走後，Mr.A 偷偷賣了一個智能組件給我，說可以大幅提升機械人的智能…

啊！難道…！
怎麼了？

如果那組件的智能在人類之上，那麼它便會欺壓人類，就像人類會欺壓其他較低等的動物一樣…
快！我們邊走邊說！

叮咚！

怎麼了？愚蠢的人類！我是不會把屋子還你的！
我是宇宙巡邏員小Q！

達爾！你應該知道，根據銀河系文明保育條例，你不能侵略智能程度比你低的星球！
如果你不立即把一切還原，我便會拘捕你！
糟了…原來這裏有比我高等的Q星人嗎，而且還是宇宙巡邏員…

Q大人，我已把一切還原了。
其實我也不知怎的便來到地球，
不是有心侵略的，請不要拘捕我…
只要你協助我，將把你帶來地球的
人拘捕，那就讓你將功抵過吧！

Mr.A，你涉嫌違反宇宙銷售條例，
私下把智能科技賣給未能駕御
有關技術的文明，我現在要拘捕你！

嘻，你有證據嗎？
我就是證據！
哇！救…救命啊～


## 辯論小劇場　人工智能　是正是邪？

人工智能讓人類能達成更複雜更龐大的任務，及代替人類執行危險工作，不單有利於人類生存，還可提升生活水平，是未來發展不可或缺的重要基石！

假如人工智能發展得比人類聰明，並懂得自我複製，那便可能反過來控制人類！這股強大的力量，人類真的有信心控制得住嗎？

人類社會的未來由你們自己創造。人工智能將來會向哪邊發展，就掌握在各位讀者手中了！

# 人工智能如何思考？
# 「一切皆是計算！」

**現在人工智能已經深入我們的生活，不過實際上它並非像我們那樣思考，而是透過大量精密計算，找出最佳解答，所以在準確度會比人類精確。**

NOT

| 輸入 | 輸出 |
|---|---|
| 0 | 1 |
| 1 | 0 |

AND

| 輸入 | | 輸出 |
|---|---|---|
| 0 | 0 | 0 |
| 0 | 1 | 0 |
| 1 | 0 | 0 |
| 1 | 1 | 1 |

OR

| 輸入 | | 輸出 |
|---|---|---|
| 0 | 0 | 0 |
| 0 | 1 | 1 |
| 1 | 0 | 1 |
| 1 | 1 | 1 |

XOR

| 輸入 | | 輸出 |
|---|---|---|
| 0 | 0 | 0 |
| 0 | 1 | 1 |
| 1 | 0 | 1 |
| 1 | 1 | 0 |

這個稱為「布林運算」的表單只有「1」和「0」兩個值，輸入的值通過不同的「閘」，會變成另一個值輸出。如「AND」閘兩個輸入值都是「1」，輸出值才是「1」；「OR」閘則只須其中一個是「1」，輸出也會是「1」了。

## 電器説明書的「疑難解決」部分，正是以「有、無」代表「1、0」簡單的演算法！

### 電腦未能啟動

有正確接駁電源嗎？

有　無 ➡ 請接上電源

⬇

電源燈有亮着嗎？

有　無 ➡ 請換上新的電源線、

⬇

顯示器有影像嗎？

有　無 ➡ 檢查是否已連接顯示器

⬇

請嘗試重啟電腦

**電腦以人類無法企及的高速不斷重複這些演算，找出最合適的結論，所以下棋比賽中電腦往往能勝過世界級高手。**

# 【怎樣才算是人工智能？】

輸入資料後，電腦透過演算推理解決問題，就可稱為人工智能。例如要電腦辨認照片中的動物是不是鳥，電腦不能以機械式計算，而是用下面步驟分析出結論：

1 輸入資料 → 2 抽取特徵 → 3 分類 → 4 輸出答案

新的人工智能技術，其最大突破就在「抽取特徵」的程序。由人類先行輸入特徵的叫「Machine Learning」，讓電腦自行判斷特徵的叫「Deep Learning」。

**任務：辨別圖中動物是否一隻鳥。**

**Machine Learning**

工程師輸入鳥類特徵，如有羽毛、鳥喙等等。

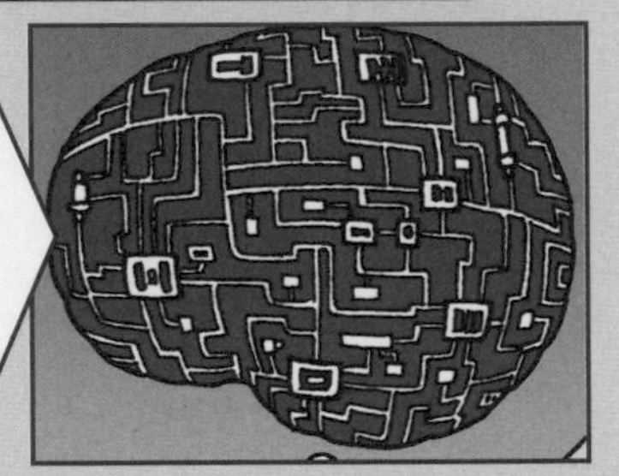

電腦利用這些資訊作比較，判斷是否一隻鳥。

**Deep Learning**

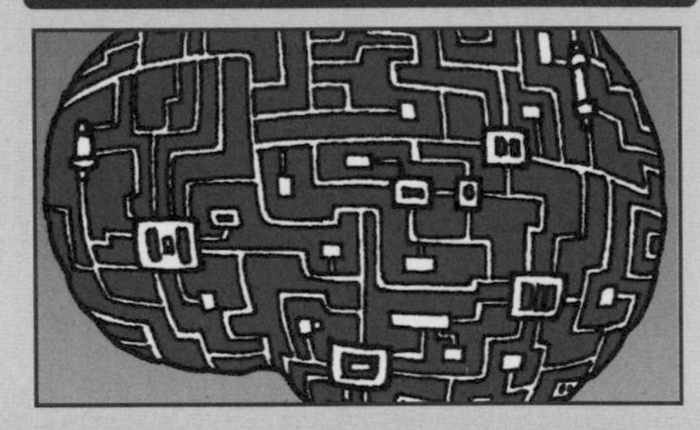

工程師只輸入輔助辨認的程式，讓電腦自行從資料庫中找出鳥類特徵，再判斷圖片中的動物。

## 以下幾個情況，哪些是人工智能的應用？

**A** 自動駕駛系統

**B** 八達通付款系統

**C** 電話智能助手

**D** 文字自動校正

**E** 電子設備遙控

**F** 電召的士軟件

### 答案

答案：A、C、D、F

這幾個系統都是透過人工智能，在資料庫中篩選出最適合使用者的答案，並需要大量資料數據及反復計算才可得出結果。

Mr.A的過去
焦慮
噢！是 Mr.A 呢！

這是甚麼地方？
今天是幾號？
快告訴我吧！

Mr.A，你在
幹甚麼啊？
小松？快答我！
這裏是哪兒？
今天是幾號？
怎麼
莫名奇妙地
問這些啊？

今天是幾號？
Mr.A
好像有點
不尋常呢…

Mr.A!
唔？

跟我來吧！
我帶你去尋找答案！

這裏是
甚麼地方？
今天是幾號？
現在
該怎樣做？

記憶精靈！

這次要
請你幫忙了，
我們的朋友
變得很奇怪。
你是誰？
今天是
幾號？
這裏是
甚麼
地方？

唔…看來是
記憶出了點
問題，引致
思考混亂。
我必須進入
他的意識裏，
才能確切地
診斷和治療！

那麼，請你先
好好睡一覺吧！
施法

你們也一起來吧！說不定
可以提供有用的資料！
施法

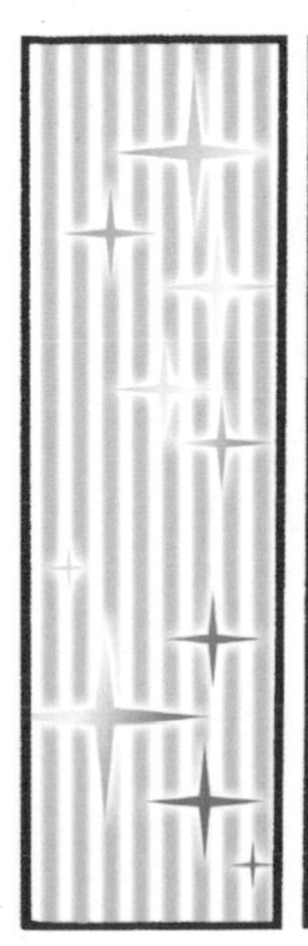

嗚哇！

哎吔…好痛…這裏是甚麼地方啊？

歡迎進入宇宙中
最神秘最複雜的
領域——
大腦內的
精神意識！

我們已進入 Mr.A 其中一段記憶之中，這段記憶有很多神經元連結，說明它非常深刻呢！
神經元？


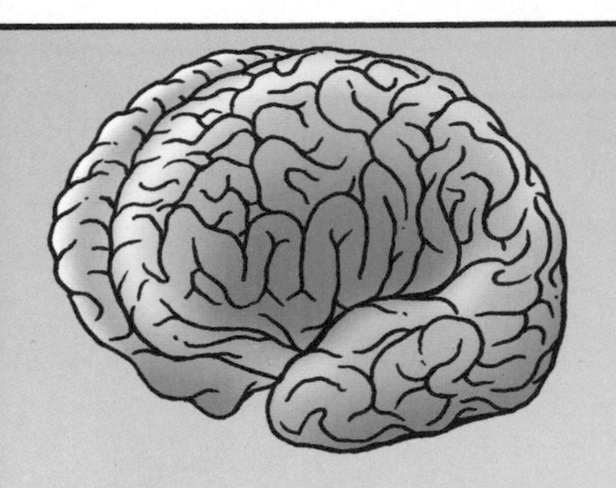

人腦結構複雜，除有左右之分，
還可以分成很多部分，各有不同功能。
而負責人類高級思維能力（學習、語言、
記憶、抽象思維、情緒處理等）的，
便是處於最外層的大腦皮層。

大腦皮層由神經細胞組成，
包括數百億個可傳遞訊號的神經元。
神經元擁有很多長長的「觸手」，
稱為神經突。神經元之間
靠這些觸手互相連結，
就能交換信息。

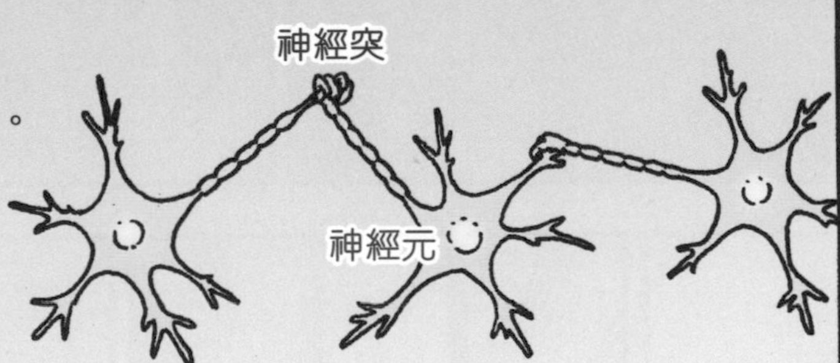


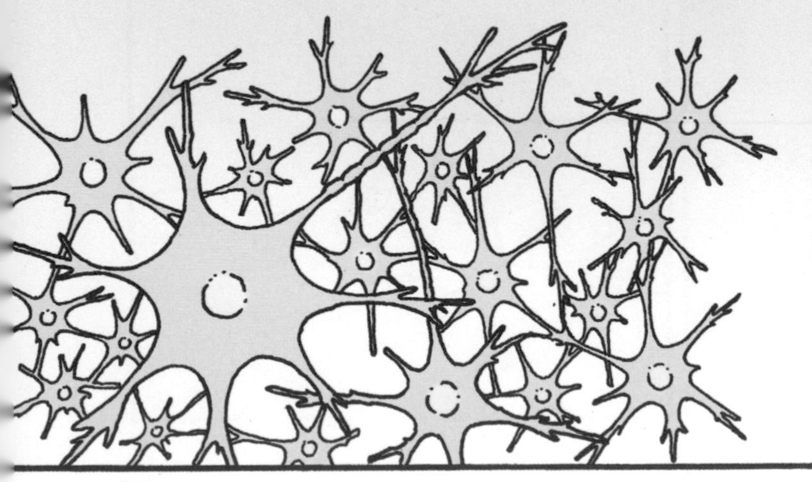

數百億神經元互相連結，
就形成了一個極其複雜的
網絡。正是這個網絡，
我們才擁有意識、思想、
記憶、感受等。可是，
意識和記憶是怎樣存在於
神經元網絡之中，
科學上仍是個謎。

那是…？

衝啊！

甚麼人！
小松！是你嗎？那頭牛是我們的啊！
啊！這不就是那次我們跟 Mr.A 一起玩進化之旅遊戲棋時的經歷嗎？
甚麼？真沒想到，原來 Mr.A 那麼重視跟我們一起玩的回憶…

※ 參閱《科學大冒險》第 2 集

唔…那是他過去遊玩時的記憶嗎？那應該跟這次意外無關。

來！我們去探索另一段記憶吧！

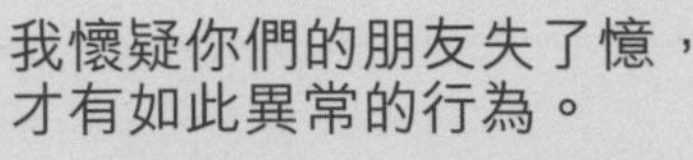

我懷疑你們的朋友失了憶，
才有如此異常的行為。

那麼，該尋找哪一段記憶
才有助診斷呢？
因此我們要
鑽進他不同的
記憶片段之中，
找回他遇上意外
的那段記憶
並重新連接，
就能治好他！

可是，失憶不就是把記憶遺失了嗎？
那如何找回來啊？

遺失的記憶不一定是消失了，
有可能只是連結失效而已！

連結甚多，
輕易回想！
太空人

人們能記住一件事，
是因為當回想時，
有神經元連結到該記憶處。
因此，若該記憶有愈多連結，
就愈不易忘記。反之，
若所有連結都失效時，
人們就無法再提取該記憶，
那就被忘掉了！

小Q
連結失效，
記憶被遺忘！
!?
他是誰？

我是誰？

失憶是一種記憶出現混亂，
無法正常存取的狀況。
它有幾種狀況，有的會記不起
失憶事件後的事，有的則是
不記得之前的事，有的甚至所有記憶
都失去。另外，有些失憶是
暫時性，有些卻是永久性的。

大腦受損、藥物影響、精神刺激、
壓力過大、腦部退化等，
都可能造成失憶。
情況輕微者仍可如常生活。
然而，情況嚴重者可能
連自理能力也失去，
必須由他人照顧。

好好睡一覺吧！
轉向！
銀河
大名鼎
超新科
產品推銷
教你一個更厲害的
生火方法吧！
收藏了一些蘋果
世上只有我一人擁有
我要發達了！哈哈！
哇！
我們回到
現代的
新世界吧！

這裏是？

嗚哇~~爸爸不要走吧~~

今天不是假期嗎？
為甚麼不能陪我
去公園玩啊？

小A乖，爸爸要
去上班賺錢嘛，
這樣才有錢
買東西吃啊。

小A乖，改天再帶你去玩，
先讓爸爸上班吧！
我不依！

長大後我一定要賺
很多很多錢，那爸爸
就可以留下來陪我玩了！

也不是這一段呢，
我們走吧！
感觸落淚

恭喜 Mr.A
成為本年度
最佳推銷員！
好！
讓我去地球
賺個滿堂紅
吧！
嘻嘻，原來這樣
偷工減料，可以
賺更多呢…
唔？

大家看！這裏有個
快要消失的記憶通道！
那麼隱蔽，
說不定是連接到
遺失了的記憶！
我們快去
看看吧！

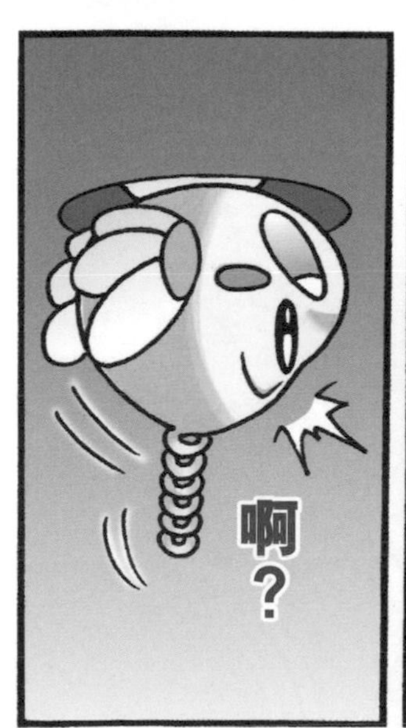
啊？

這種過目不忘藥丸
雖然真的很貴…

可是，我總算
研究出它配方
的秘密了！
只要改用
平價原料
生產，就能
賺更多了！

好，這是最後一種成分了！

地球上的學生對記憶力
那麼重視，這次我一定
可以賺翻了！嘻~~

好了…

登登！Mr.A 自家調製的
過目不忘藥丸…完成！
登登！

不過，為安全計，還是
先找隔壁的小狗試試…

哇！老鼠啊！

呃？

唔？我是不是把藥丸吞了？

唔？這裏是甚麼地方？

有沒有人能
告訴我啊！
我相信他因
改變藥丸配方，
令藥物變成阻礙
神經元溝通，
造成失憶！

那現在
怎麼辦？
原來Mr.A想
騙財嗎？
乾脆任由他
繼續失憶吧！
雖然他
不對，但
不知怎的，
我有點
同情他…

這樣吧，既然他已
自作自受，我們就
幫幫他吧。
好！


放心吧，只要重新開通被
藥物阻擋的神經元，他就能
復原了！只是還有一件事…
哦？

為保障病人私隱，你們剛才的
所有記憶，都會被洗去呢！
甚麼？

咦？Mr.A！
你的記憶恢復了嗎？
嗯？莫非製假藥一事
被識破了？要快點逃！
喔，對了！
記憶精靈，
我請你到來
之後，到底
怎麼了？
我也完全
想不起來呢…
唔？剛才
發生了
甚麼事？
呃…啊！對！沒事了！
我還有事要辦，先走了！
~完~

# 【你忘了做功課也是科學！】

我經常忘記做功課，也是因為吃了Mr.A的藥丸嗎？
別這樣找藉口，首先你要知道記憶是如何寫進腦袋內！

## 記憶五部曲

**① 感知**
以眼、耳、舌頭等感官接收到外界畫面和聲音資訊。

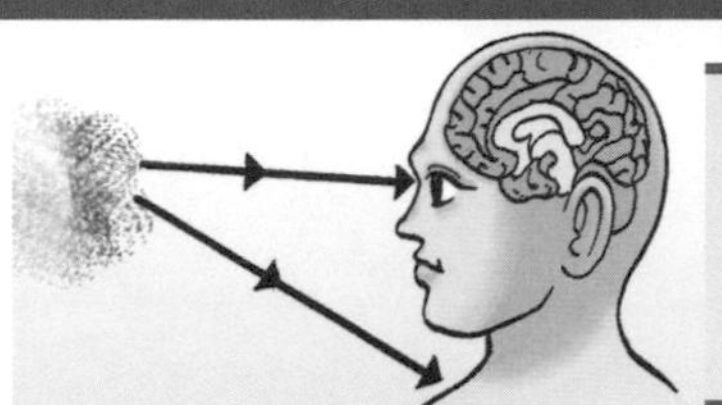

大腦接收資訊後再分析整理，才構築出我們眼前這個五光十色的世界。

**② 編碼**
就像電腦把數據寫入硬碟，腦部也會把資訊編碼整理，方便收藏及提取。

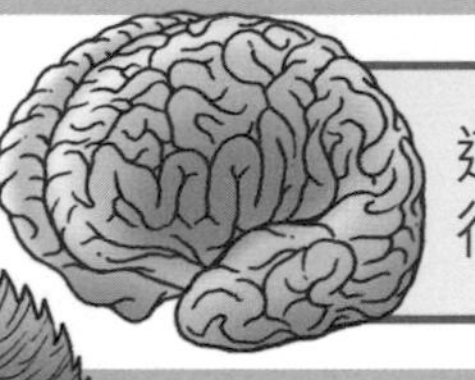

這些工作都是腦部自動進行，我們無法意識得到。

**③ 篩選**
我們每天接收無數資訊，腦部不可能全數整理，這時就會有所取捨，先把不尋常的事件處理好。

所以我們很少記得一星期前的午餐吃甚麼，但去年的生日大餐卻難以忘懷。

因為做功課沒甚麼特別，就被腦部丟到一旁了嗎？

**④ 儲存**
整理完畢的記憶會加強神經元之間的信號，方便提取。不過那些並不是完整記憶，而是記憶痕跡。提取記憶時，腦部會利用記憶痕跡自行重建當時的經歷。

所以記憶大多沒完全反映事實，就是經過了「腦內補完」的呢。

**⑤ 提取**
當我們接收到某些線索，觸發記憶痕跡，腦部就會把相關記憶提取出來。而那些曾經提取過的記憶，會更容易再度觸發。

腦部會把相關的記憶聯繫起來，例如去長洲遊玩時吃過一杯非常美味的雪糕，日後吃雪糕時就很容易記起那次去長洲的經歷了。

做功課也是要緊的事，若容易忘記就找方法提醒自己吧！

# 【分工合作的腦部】

**人類腦部的構造非常複雜，你懂得這幾個部分的名稱嗎？**

**A.杏仁核　B.海馬迴　C.大腦皮層　D.小腦　E.基底核**

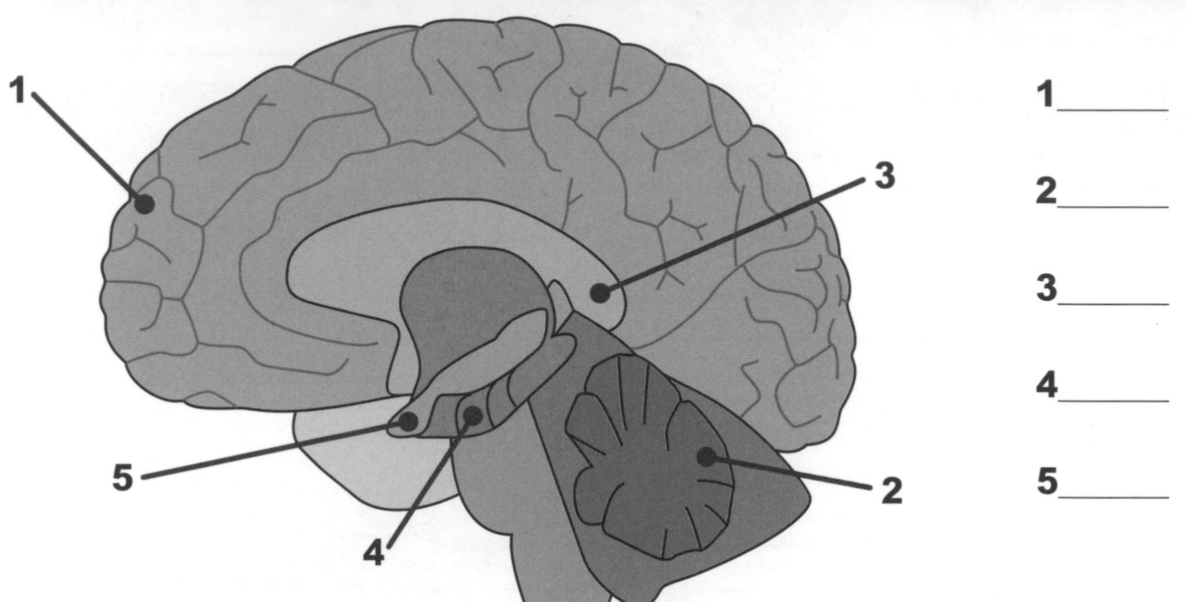


1______

2______

3______

4______

5______

**答案**

**1 大腦皮層**

主要分為額葉、頂葉、顳葉和枕葉，每個部分都負責不同的記憶。

**額葉：**負責高級心智功能，如語言、思考、意識等自主行為。它亦會處理短期記憶，以及沒有任務性質的長期記憶如情緒、經歷等。

**頂葉：**處理感官信息，產生由各種感覺引發的記憶。

**顳葉：**主要負責聽覺記憶，幫助理解語言。

**枕葉：**視覺中心，把眼睛接收的信息加以分析，讓我們記住眼前的事物。

**2 小腦**

除了幫忙記憶編碼，還是學習中樞，透過練習來提升一些動作技能的準繩度。

**3 基底核**

負責程式性記憶，例如走路、説話、踏單車等學會後就永不忘記的技能。

**4 海馬迴**

主要工作是篩選記憶，把重要的短期記憶轉為長期記憶。老年人的海馬迴會慢慢萎縮，這就是老人記憶力下降的原因。

**5 杏仁核**

刺激杏仁核可引發情緒，有助處理及提取與情緒有關的記憶，特別是恐懼、創傷等強烈情感，這些事情很容易被記住。

由於記憶是腦部不同部分的分工儲存，所以失憶症患者沒有忘記語言、技能是很正常的。

驚險探蛇記

哇~~~~~！
斷頭蛇咬人
報紙說有條蛇的頭被切掉半小時後仍能咬人！
怎麼可能？信它才有鬼呢！
真的有可能啊！

指揮咬噬的神經在蛇的脊髓內，頭斷後，器官還能在短時間內維持原有的動作功能。
這時觸碰蛇頭，牠就會條件反射，做出咬人動作！
嗚哇！無論活蛇死蛇都好嚇人啊！
是你膽小而已！塵蟎又怕，蝙蝠又怕，蛇又怕~~~~

呵呵呵！
不知誰看到跳蚤
跑得超快呢！
那隻跳蚤比人
還大啊，所以…
所以……
你們別吵了！

其實地球上的蛇
超過 2200 種，
但並非所有
都有毒及
會攻擊人…
你們親眼見過
就會知道了！
我們出發
去印度吧！
真的嗎？
甚麼？
嗖

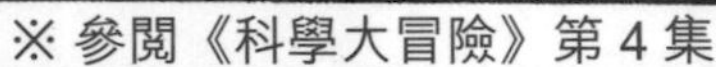
※ 參閱《科學大冒險》第 4 集

甚麼聲音？

跟我來！

哇！
哇！
哇！

好兇啊！
是眼鏡蛇嗎？
嘶
嘶

機械密探鼠
陸上的蛇多以吃鼠為生，
鼠對牠們最了解不過！
機械密探鼠就是仿照鼠群的
認知和經歷創造出來的！


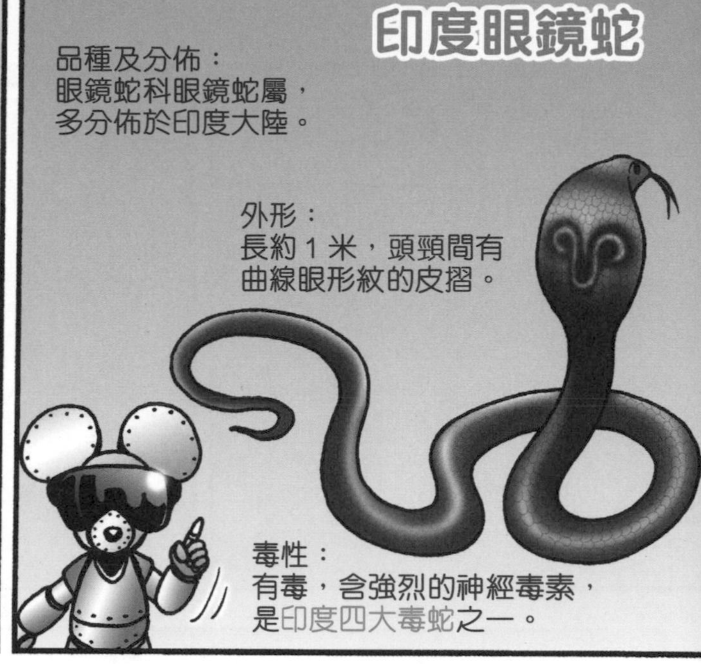

印度眼鏡蛇
品種及分佈：
眼鏡蛇科眼鏡蛇屬，
多分佈於印度大陸。
外形：
長約 1 米，頭頸間有
曲線眼形紋的皮摺。
毒性：
有毒，含強烈的神經毒素，
是印度四大毒蛇之一。

眼鏡蛇
好厲害！
懂得聽着
音樂節拍
起舞！
牠們真能聽到
笛聲嗎？
耳朵在哪裏？
哈哈，
其實蛇是
「聾」的！


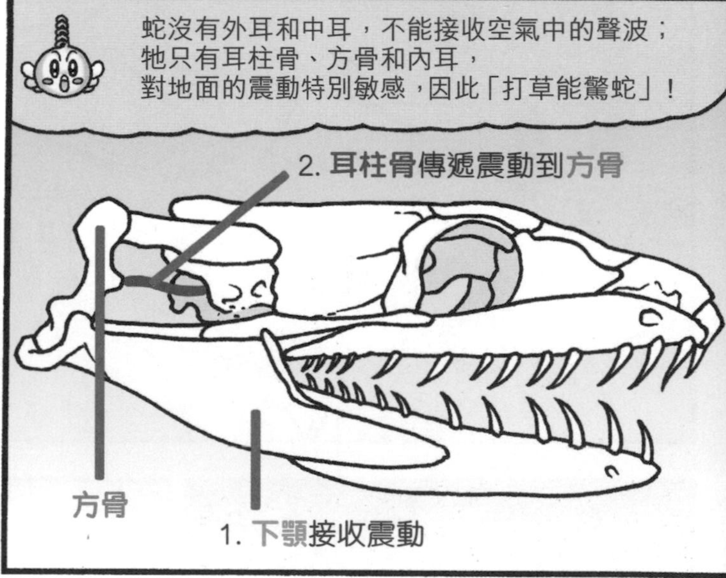

蛇沒有外耳和中耳，不能接收空氣中的聲波；
牠只有耳柱骨、方骨和內耳，
對地面的震動特別敏感，因此「打草能驚蛇」！
2. 耳柱骨傳遞震動到方骨
方骨
1. 下顎接收震動

弄蛇表演
笛子的左右擺動
笛管吹出的熱氣
弄蛇人
的腳
在地上
輕拍


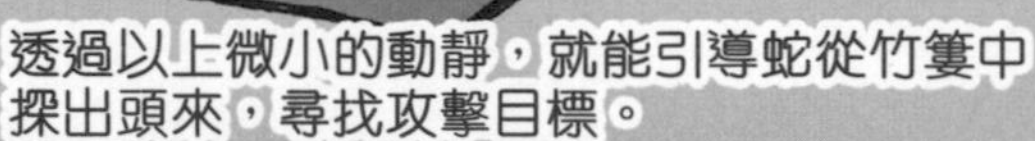

透過以上微小的動靜，就能引導蛇從竹簍中
探出頭來，尋找攻擊目標。

मैं एक ज्योतिषी हूँ
आप एक सांप ने काट लिया हो जाएगा

原來她是占卜師，她說…
大剛……**大剛會被毒蛇咬到！**

……

你們不是相信吧？
哈哈哈~~~~

蛇很可愛喔，我們繼續探奇吧！
今晚是不是到沙漠紮營、看星、
講鬼故事到天亮啊……
唉~~~~真拿你沒辦法！

沙漠

沙沙……
啊！

!!
沙沙…

小松，
甚麼事？
有…有條蛇…
在帳幕外面，會不會…
就是來咬大剛的那條？

……胡說！那番話…怎會是真的！

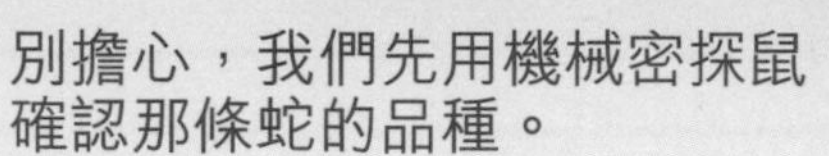
別擔心，我們先用機械密探鼠
確認那條蛇的品種。

鋸鱗蝰
品種及分佈：
蝰蛇科鋸鱗蝰屬，主分佈於亞洲，
尤其是印度次大陸。
外形：
只長 38-80 厘米，
灰棕色的鱗片上
有波浪形白色帶紋。
毒性：
有毒，是印度四大毒蛇之一。其毒液含出血毒素，
能破壞人的血液和組織，引發嚴重出血。

哇！蛇啊！
哪裏？牠進來了嗎？
只是
麻繩
而已～

小Q，為甚麼牠又再發出沙沙聲呀？
沙沙…
鋸鱗蝰的毒性和進攻性很強，每年均有
數百人死於其毒吻！當牠戒備時，
就會摩擦鱗片發出聲響，作為警告……

嗚哇~~~~
牠想把我們
吃掉嗎？
咻……冷靜點！
只要不刺激牠，
牠一般不會貿然
作出攻擊的！
用密探鼠繼續
監視牠的情況吧！

鋸鱗蝰是卵胎生的蛇類，
現正誕下幼蛇。

呼…原來牠不是
攻擊我們，而是
想嚇退附近的
捕食者！
奇怪了！怎麼
鋸鱗蝰會生小蛇，
而非孵蛋呢？
難道牠是哺乳類？

這個我在電視上
看過！有些蛇是
卵胎生的，會把卵
留在母體輸卵管裏，
令胚胎維持
所需溫度，
直至幼蛇長成
才產出體外。
而且蛇的
祖先是
蜥蜴，
當然屬
爬蟲類啊！

蛇由蜥蜴演化而成？
那蛇本身豈不是有四隻腳？
對啊！
腳阻礙了牠們
在地洞爬行和
水中游泳，
因此漸漸
退化了。

沒料到今天
竟看到印度
四大毒蛇中的
其中兩種呢！
早點睡吧！
明天離開印度，
出發去澳洲！

南印度洋－澳洲海域

澳洲海域是海蛇種類和數量最多的
分佈地，因為這裏有很多
珊瑚島礁，蘊藏着豐富的
淡水資源，給海蛇飲用。

我們要找的是……
哇～～
海蛇啊！

狠狠咬住！

海蛇吃海蛇…？

是巨環海蛇捕食鰻魚啊！巨環海蛇是
眼鏡蛇科扁尾海蛇屬，長約２米，
像槳般的尾巴利於游泳，牠的神經毒素
比印度眼鏡蛇更強烈啊！

啪啪啪！
我是不會怕你的！

大剛你在幹甚麼？
你不應破壞牠的捕食行動啊！
大剛有點古怪…

唔…登陸前，讓密探鼠預告一些無毒又美麗的蛇種吧！

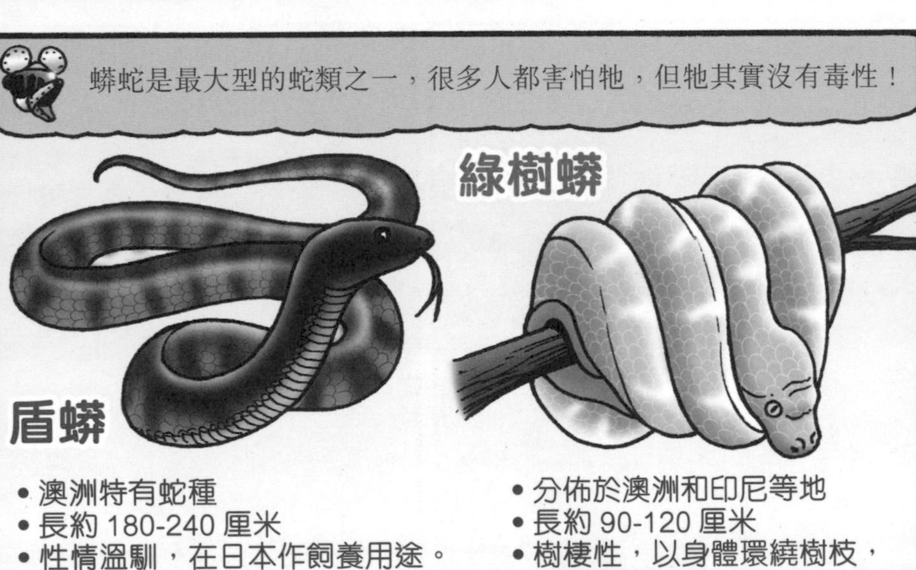

蟒蛇是最大型的蛇類之一，很多人都害怕牠，但牠其實沒有毒性！
綠樹蟒
盾蟒

- 澳洲特有蛇種
- 長約 180-240 厘米
- 性情溫馴，在日本作飼養用途。

- 分佈於澳洲和印尼等地
- 長約 90-120 厘米
- 樹棲性，以身體環繞樹枝，頭部置中。

澳洲還有沙蟒、迷彩蟒、紫晶蟒、鑽石蟒……

啊？

嗚──哇──！

唔？甚麼事？
轉身

嘶──

小松！

啊～～～～！
小松！危險！

嘶──

你們怎麼了？

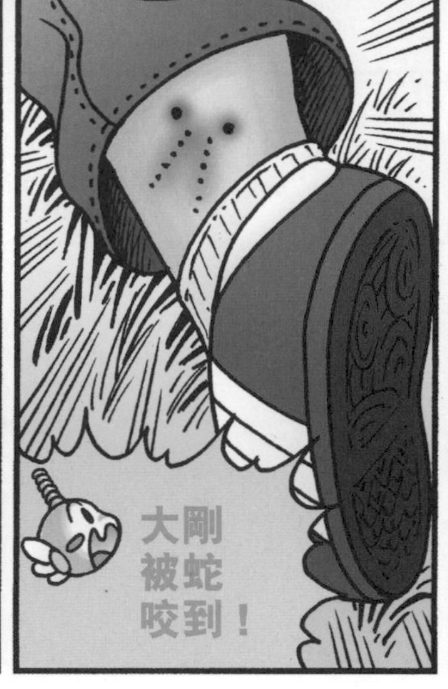
大剛被蛇咬到！

密探鼠！
馬上對毒液作詳細分析！

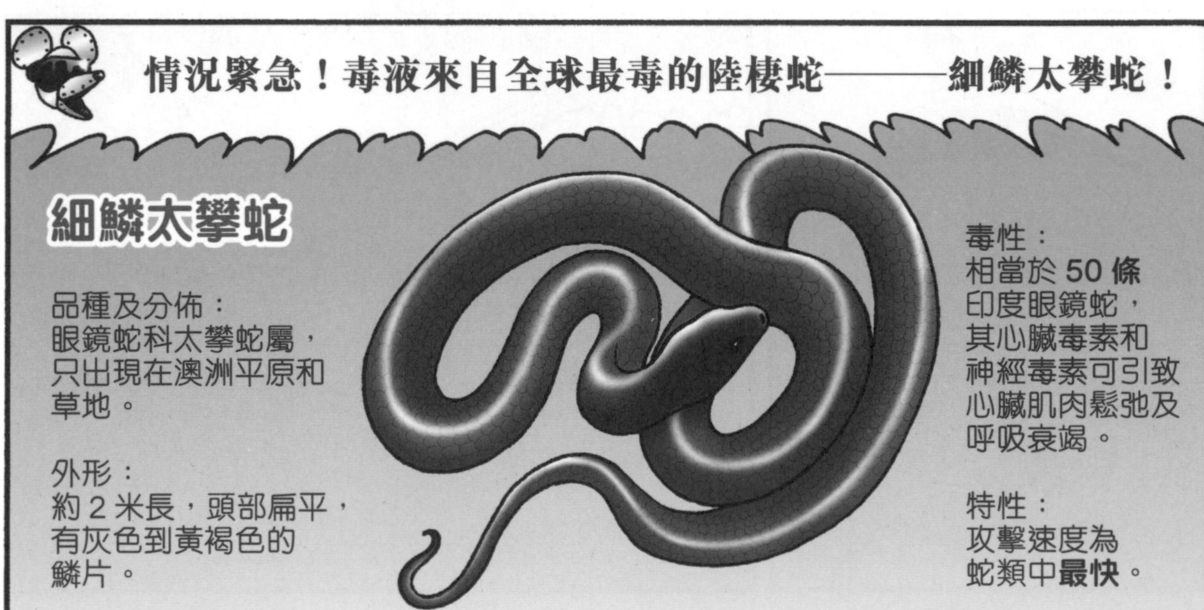
情況緊急！毒液來自全球最毒的陸棲蛇———細鱗太攀蛇！
細鱗太攀蛇
品種及分佈：
眼鏡蛇科太攀蛇屬，只出現在澳洲平原和草地。
外形：
約2米長，頭部扁平，有灰色到黃褐色的鱗片。
毒性：
相當於50條印度眼鏡蛇，其心臟毒素和神經毒素可引致心臟肌肉鬆弛及呼吸衰竭。
特性：
攻擊速度為蛇類中最快。

他是為了救我才被咬中的！我要幫他把毒吸出來！
千萬不要！若你的口腔或消化道有傷口，毒液便會流進血液裏！

快扶大剛上飛船，要立刻送他去醫院啊！

唔…

大剛！
你怎麼了？
不要死…
我們不要
再吵架了！
嗯…

大剛，
醒醒啊！
大剛、
大剛！

啊～～～～！
救命啊！

啊啊啊

我死了沒有？
沒有啊！你及時
注射了血清！
你真幸運！
細鱗太攀蛇
一口的毒液足以
殺死 100 個人啊！
醒來就好了！
果然傻人有傻福…

血清？甚麼來的？

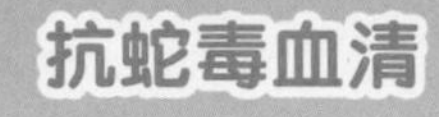
抗蛇毒血清

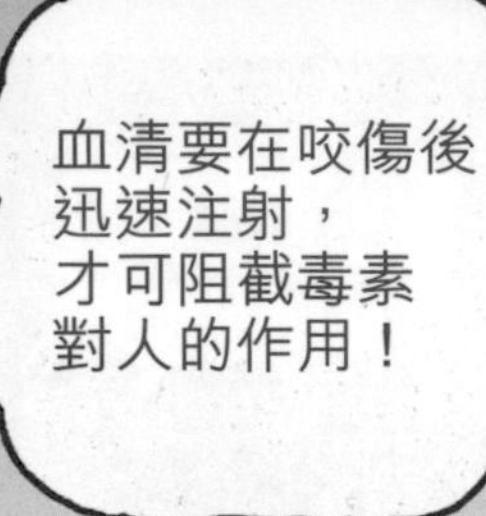
血清要在咬傷後迅速注射，才可阻截毒素對人的作用！

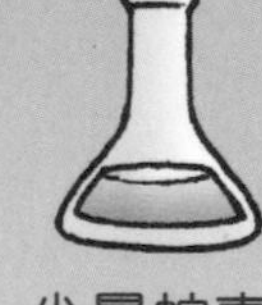

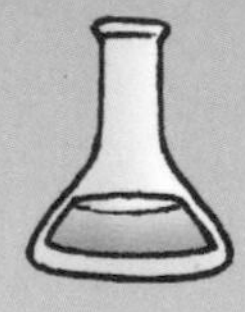
少量蛇毒
經多次注射

動物產生抗體
提煉純化

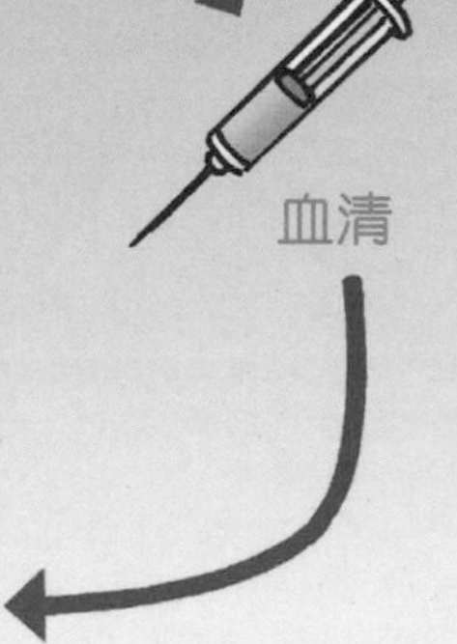
血清
為蛇咬傷者注射

體內的蛇毒抗原
被血清中的抗體中和
結合成複合物，
使毒素失去活性。

醫生說蛇的毒素主要分兩類：
神經毒素會引致麻痺、痙攣及呼吸衰竭；
出血毒素可引致紅腫、起水泡，甚至組織廣泛出血。

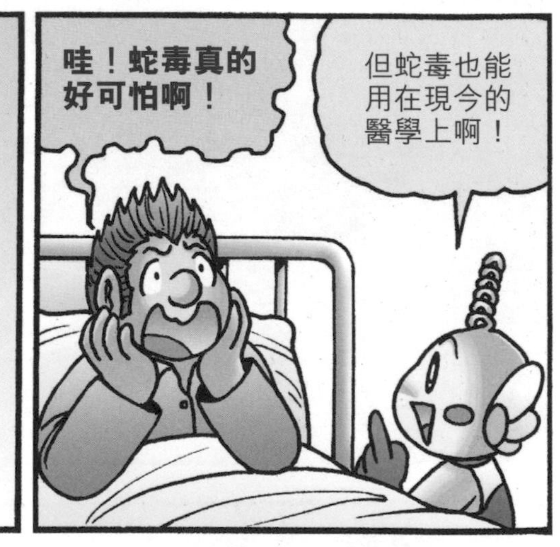
哇！蛇毒真的好可怕啊！
但蛇毒也能用在現今的醫學上啊！

例如眼鏡蛇的神經毒素可用作治療腦退化症，鋸鱗蝰的出血毒素亦可治療動脈栓塞及動脈硬化呢！
這麼說來，被蛇咬一咬也有好處喔！

你是傻的嗎？今次沒事已經算是萬幸了！
夠了！幹甚麼一直罵我傻！你才傻啊！
又吵架了……唉！
～完～

# 【香港也有毒蛇？】

根據漁護署資料顯示，香港共有14種陸棲毒蛇，其中8種可致命。不過近20年香港也沒有毒蛇咬死人的記錄，所以也不用太擔心呢。

## 你看過這些常見毒蛇嗎？

### 銀腳帶

**身長：約0.6至1.2米**
**毒性：神經毒素**

香港毒性最強的毒蛇，人類被咬後約1至2小時就會神經麻痺，導致呼吸困難而死亡。不過銀腳帶性格溫馴，只要保持距離，牠不會主動攻擊人類。

另一款黃黑相間的金腳帶，其毒性則比較低，但在香港不及銀腳帶般常見。

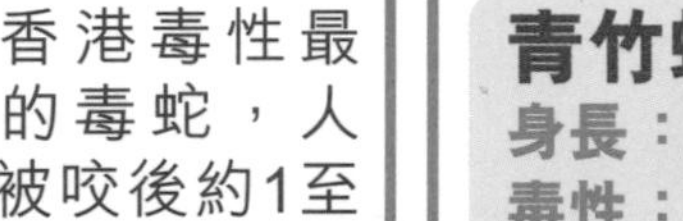

### 青竹蛇

**身長：約0.8至1米**
**毒性：出血毒素**

香港蛇咬傷人的個案大都由青竹蛇引起，這是因為牠們以埋伏方式狩獵，人類容易踏入其攻擊範圍。其毒液會阻礙血液凝固，但毒性不強，很少致命。

人們經常把青竹蛇和無毒的翠青蛇混淆，前者尾部呈紅色、後者整條是青綠色，另外青竹蛇頭部是呈三角形，與圓頭的翠青蛇不同，不要認錯啊！

### 眼鏡王蛇

**身長：約3至4米**
**毒性：神經毒素**

俗稱「過山烏」，是全球最長的陸棲毒蛇，主要以其他蛇類為食。只要人們不主動招惹，這種蛇亦會避免跟人類衝突。

其實眼鏡王蛇與俗稱「飯鏟頭」的中華眼鏡蛇屬於不同種類，兩者都有在香港出沒。

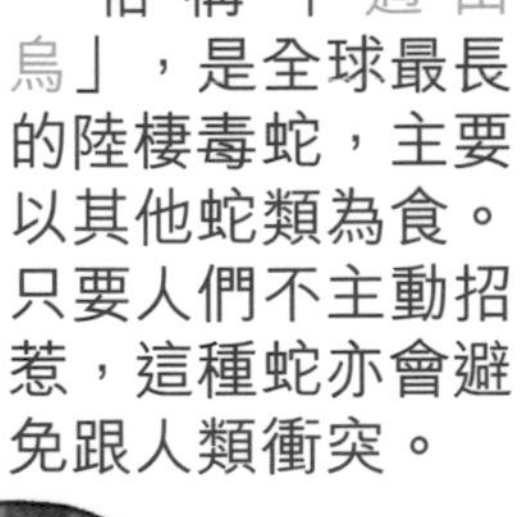

### 紅脖游蛇

**身長：約0.8至1米**
**毒性：出血毒素**

很常見的毒蛇，其毒性比眼鏡蛇更高！不過這種蛇性格很溫馴，而且牠們的毒牙在口腔深處，就算不幸被咬傷也不容易中毒。

這種蛇在香港廣泛分佈，而且特徵明確，可說是最易辨認的品種呢。

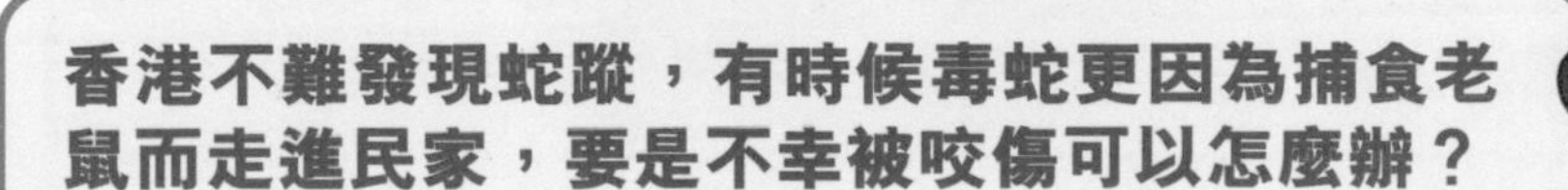

香港不難發現蛇蹤，有時候毒蛇更因為捕食老鼠而走進民家，要是不幸被咬傷可以怎麼辦？

# 〔被蛇咬到怎麼辦？〕

## 以下哪些是被蛇咬傷後的正確做法？（請以○/✕回答）

| | | | |
|---|---|---|---|
| ① 以紗布包紮傷口，加強保護。 | □ | ⑥割開傷口吮毒療傷。 | □ |
| ②立刻報警求助，靜待救援。 | □ | ⑦高舉傷口，免被細菌感染。 | □ |
| ③嘗試擊斃毒蛇，以免再被攻擊。 | □ | ⑧解開手錶等束縛物，保持血液流通。 | □ |
| ④保持冷靜，以免毒素擴散。 | □ | ⑨用冰敷傷口，減輕痛楚。 | □ |
| ⑤拿出電話或相機為毒蛇拍照。 | □ | ⑩喝杯咖啡，鎮定提神。 | □ |

**答案**

○ ②、④、⑤、⑧　　✕ ①、③、⑥、⑦、⑨、⑩

**解說**

①✕ 如果是阻礙血液凝固的出血毒素，血液會經由紗布滲透出來，令傷勢加劇。

②○ 除了能儘快送醫之外，如果毒蛇是在市區出沒，也要由警方通知專家處理。

③✕ 毒蛇不會隨便攻擊人類，但你攻擊牠就惹來反擊。

④○ 快速心跳增加血液循環，會令毒素快速擴散，所以要第一時間冷靜下來。

⑤○ 記下毒蛇的外表可讓醫生迅速找到血清，就算沒相機也要記下牠的特徵！

⑥✕ 正如小Q所說，吮毒並不是好方法，最多也用清潔的雙手擠壓就夠了。

⑦✕ 把傷口提至高於心臟，會加快毒素流入，因此最好是固定傷口在水平位置。

⑧○ 血液完全不流通會導致腫脹，加重傷害。

⑨✕ 冰敷容易造成傷口壞死，並不建議使用。

⑩✕ 咖啡因、酒精或其他刺激性成分，也會促進血液循環，加快毒發。

**大家行山時也可做足預防措施，例如不穿涼鞋，或帶備行山杖「打草驚蛇」，撥開草叢把蛇嚇走。**

雲層追逐戰
快來看看！
最新高科技
預知雨傘！
晴天
大特價，
只售
100 元！
售完即止啊！
Mr.A 在
賣甚麼呢？
大概又是些
騙人的東西吧！
來！去看看他
葫蘆裏賣甚麼藥吧！

快來買一把擁有預知能力的神奇雨傘吧！可以準確預測下雨時間的喔！
甚麼？不可能吧！

不信？試試看吧！

注意！兩分鐘內會有大雨！

哦？要下雨了呢！快點買吧！要是待下雨時才買，價錢會貴一倍喔！
但天氣預報說今天不會有雨啊！

你們再不買，就會被大雨淋了啊！

沙沙沙……

哇！真的下起雨來了！
太厲害了！我要一把！
我也要！

可惡！雨愈下愈大！沒法子了，我們也買一把吧！
現在每把要200元了呢！
這回賺翻了！嘻嘻～

半小時後……

哇哈！科學館的新展覽真的好有趣呀！
不過那個考平衡力的挑戰真的好難呢…
倒後走

哇！
絆倒

你們看！預測器裏面竟然甚麼也沒有！
啪！
可惡！Mr.A 果然又在賣假貨騙財！

嗚哇！零用錢沒了！
可是，它又真的準確預測了下雨時間呢…那是怎麼回事？

他肯定是在某處安裝了噴水機關！
可是，那時候天空又真的烏雲密佈呢…

話説回來，其實雨是
怎樣形成的？為甚麼
有烏雲就會下雨？


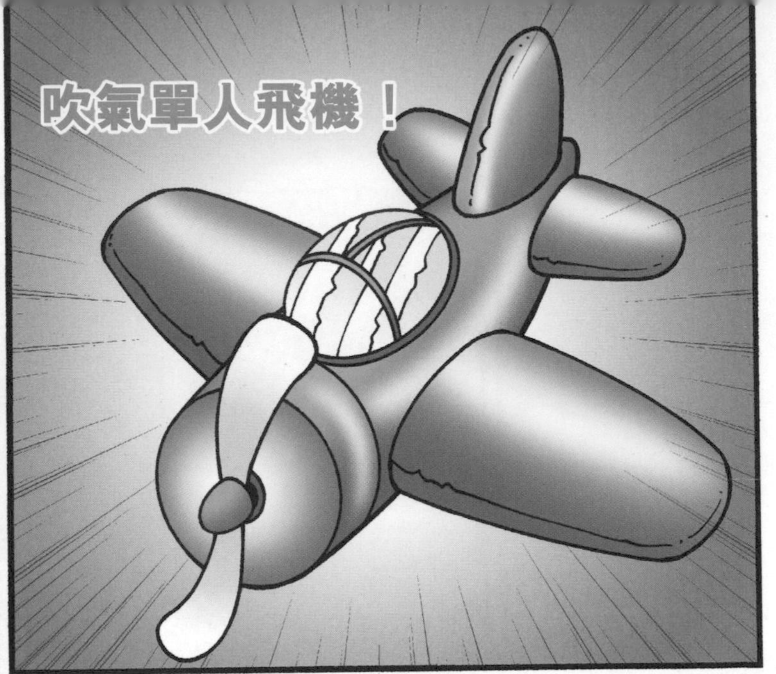

吹氣單人飛機！

哇！
是吹氣玩具嗎？
好玩呀！
小Q，怎麼突然
拿件玩具出來？
雨從雲而來，想了解雨的形成，
最好的方法當然是飛上去看了！

甚麼？這東西
真的能飛嗎？
別小看
我的法寶啊！

扣好安全帶後，
按一下操控桿
中間的按鈕，就會
自動執行起飛程序！
是這顆嗎？


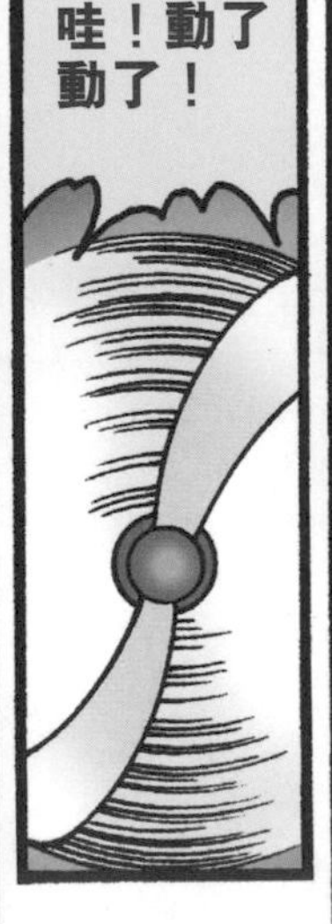

哇！動了
動了！

好了！我們要快點
趕上去！快上機吧！
哇！等等！我
還未準備好呀~~

嗚哇…這飛機要
怎樣控制呀！
小Q！快來救我啊！

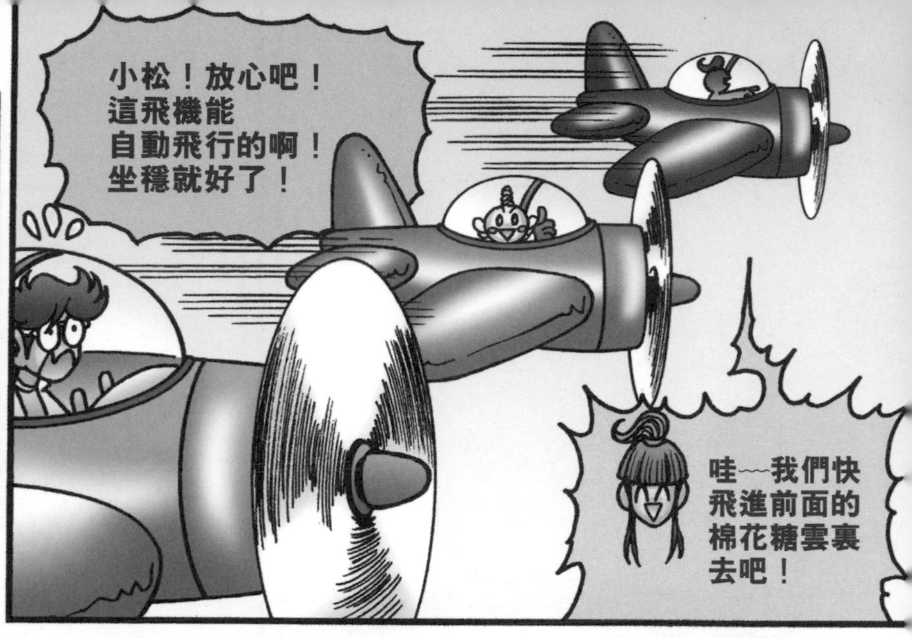
小松！放心吧！
這飛機能
自動飛行的啊！
坐穩就好了！
哇~~我們快
飛進前面的
棉花糖雲裏
去吧！

積雲
夏天常見的潔白雲朵一般就正是積雲，可厚達2公里。
形狀清晰，卻千變萬化，這是因為雲內的氣流不斷
帶動着水氣上升和下降。若大氣不穩時，
積雲有可能發展成龐大的積雨雲。

哇哈！要衝進棉花糖裏去了~~

咦？
怎麼回事？

變得白茫茫一片了！

小Q！小松！你們還在嗎？
晴晴不用怕！我們還在你附近，只是被水氣阻隔了視線罷了！
那麼我們是直接穿進雲裏面了嗎？

雲其實是由空氣中透明的水蒸氣積聚而成的水氣團。
置身於雲裏的景象有點像在濃霧中，只見白茫茫一片。
如果能伸手去抓一片雲，也只會弄濕雙手而已。

原來如此，我還幻想可以在雲上降落呢…

晴晴不用太失望呢！正因為雲是鬆散的水氣團，所以有無窮的變化！
我們快飛出這片積雲，然後再飛高點，看看不同形狀的雲吧！
好啊！

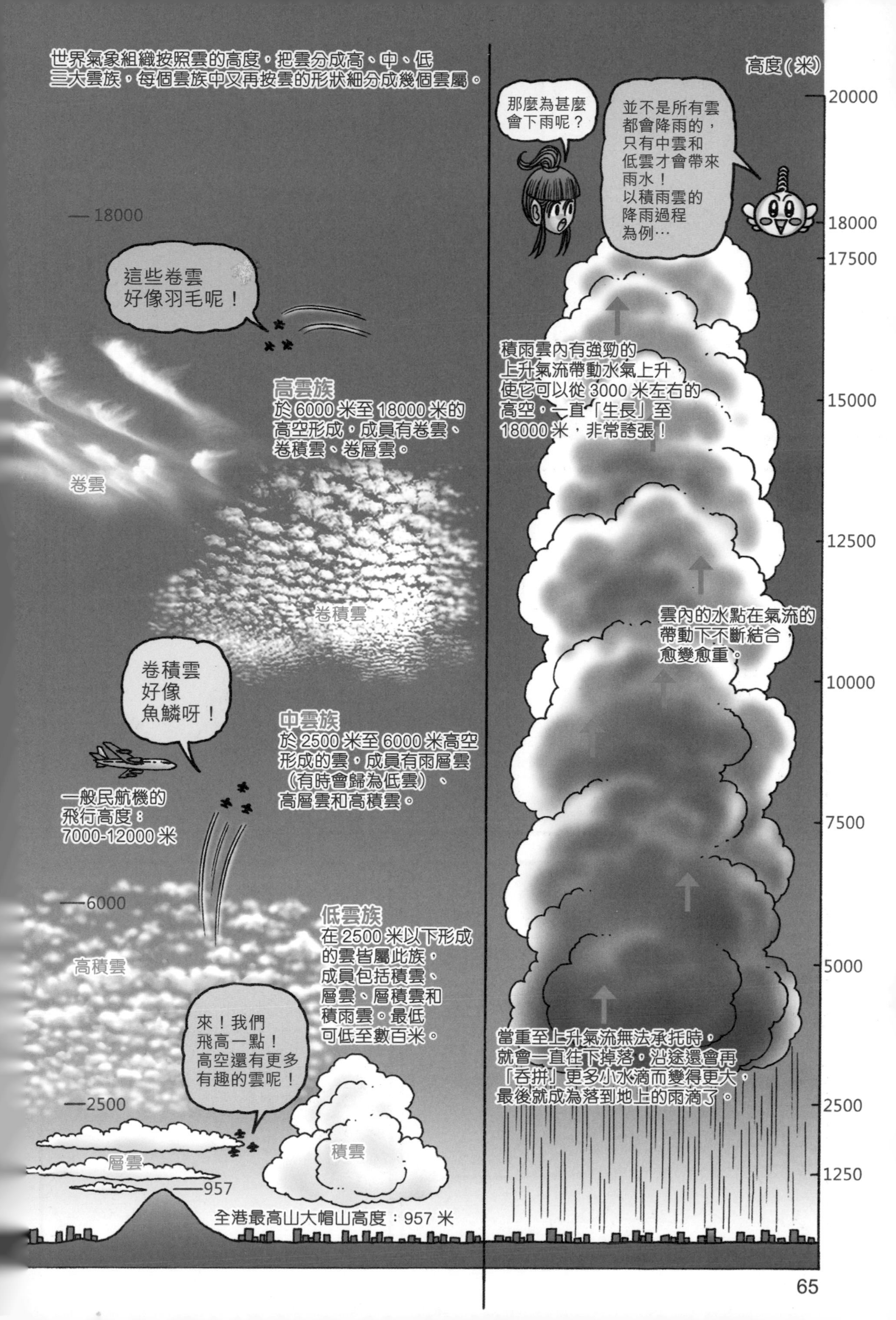

世界氣象組織按照雲的高度，把雲分成高、中、低三大雲族，每個雲族中又再按雲的形狀細分成幾個雲屬。
高度(米)
20000
18000
17500
15000
12500
10000
7500
5000
2500
1250
那麼為甚麼會下雨呢？
並不是所有雲都會降雨的，只有中雲和低雲才會帶來雨水！以積雨雲的降雨過程為例…
18000
這些卷雲好像羽毛呢！
高雲族
於6000米至18000米的高空形成，成員有卷雲、卷積雲、卷層雲。
卷雲
卷積雲
積雨雲內有強勁的上升氣流帶動水氣上升，使它可以從3000米左右的高空，一直「生長」至18000米，非常誇張！
雲內的水點在氣流的帶動下不斷結合，愈變愈重。
卷積雲好像魚鱗呀！
中雲族
於2500米至6000米高空形成的雲，成員有雨層雲（有時會歸為低雲）、高層雲和高積雲。
一般民航機的飛行高度：7000-12000米
6000
高積雲
低雲族
在2500米以下形成的雲皆屬此族，成員包括積雲、層雲、層積雲和積雨雲。最低可低至數百米。
來！我們飛高一點！高空還有更多有趣的雲呢！
當重至上升氣流無法承托時，就會一直往下掉落，沿途還會再「吞拼」更多小水滴而變得更大，最後就成為落到地上的雨滴了。
2500
層雲
積雲
957
全港最高山大帽山高度：957米

咦？那種又是甚麼雲？
那是飛機飛行時偶爾會產生的飛機雲啊！

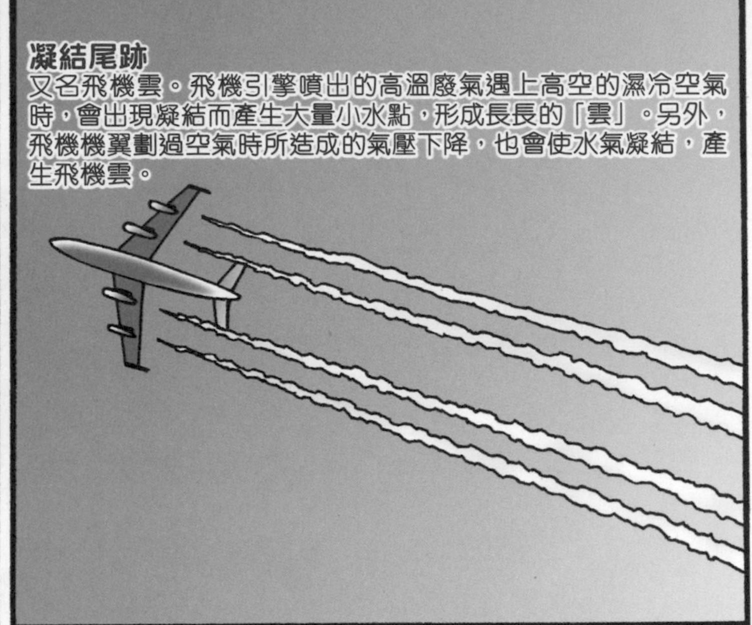
凝結尾跡
又名飛機雲。飛機引擎噴出的高溫廢氣遇上高空的濕冷空氣時，會出現凝結而產生大量小水點，形成長長的「雲」。另外，飛機機翼劃過空氣時所造成的氣壓下降，也會使水氣凝結，產生飛機雲。

不過説來也奇怪呢，這種繞圈的軌跡不像一般航機造成的，那會是甚麼人呢？
我們沿着軌跡跟上去不就知道了嗎？

好！跟上去看看吧！

發現了！
看不清是甚麼飛機啊…
用放大攝錄功能看看！

怎麼又是 Mr.A!
他騙財騙到上天了嗎？

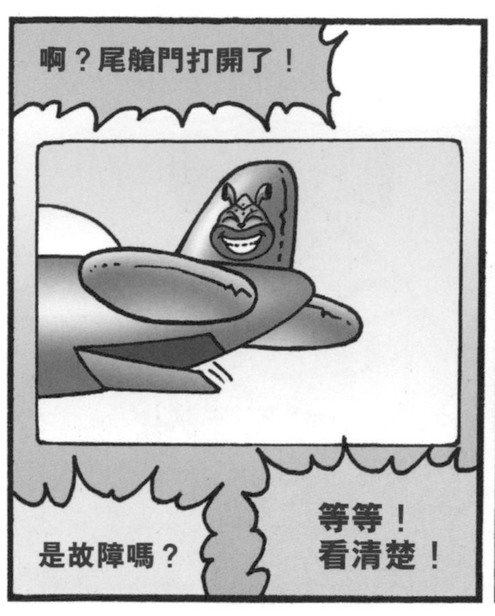

啊？尾艙門打開了！
是故障嗎？
等等！
看清楚！


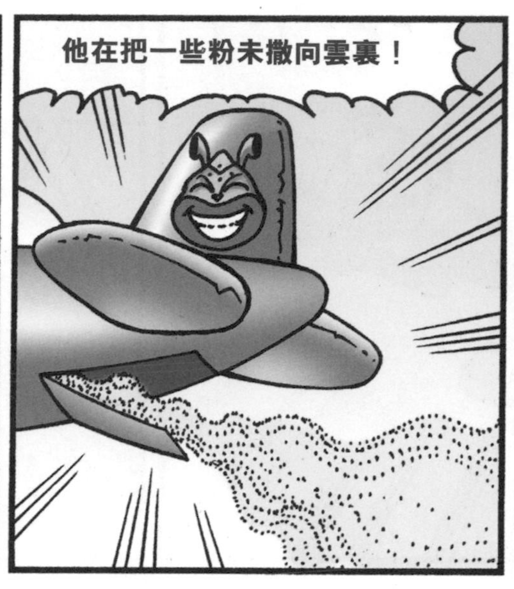

他在把一些粉未撒向雲裏！

啊！我明白了！
原來他是靠
製造人造雨來
控制降雨，
所以能夠預知！

如果雲內的水氣沒有凝聚成足夠大的水滴，就不會產生降雨。
為了催化這個凝聚過程發生，人們便把一些可以幫助水氣凝聚的
物質，例如乾冰，撒到雲裏去，實現人工降雨。

人造雨是用來舒緩旱災或
撲滅山火，絕不是用來
騙財的工具！
而且他無故製造降雨，
令人們生活造成不便！
太可惡了！
一定要制止他！

立即加速追截！

嘻～上一個騙局真是執行得太完美了！
賺了一大筆！趁這雲未散，
要快點再造一場人造雨！

咇咇！
嗯？

甚麼啊！飛到那麼高
都被人發現！

啪啪啪
刺針發射！

哇！急速轉向！
嗖～嗖～嗖～

啪啪啪
看我的！
機尾刺針炮！

哇！被擊中了！
刺
刺
刺

救命啊！

失事保護模式啓動！
哇！

小松不要緊嗎？
放心，飛機有失事保護模式，
他不會有事的！
我們繼續阻截 Mr.A 吧！

哇！剛才的積雲
不知不覺間
發展成
積雨雲了！

好機會！利用這厚厚的雲層
來擺脱他們吧~~

晴晴！
危險！
快掉頭！
積雨雲裏有很強勁的
氣流，還可能有雷暴，
飛進去的話飛機
很易失控的！
知道！那麼
我們降落去
找小松吧！

喂~~我在這裏~~

小松你
沒事吧？
呃…雖然
有點恐佈，
但總算
沒有受傷…
積雨雲很快就會
帶來大雨了，
我們還是先
找個地方
避雨吧！

轟隆~~！

進入了積雨雲內，
看來 Mr.A 這次
即使有雨傘
也沒用了！
轟隆~~！
哇！救命啊！
~完~

# 【乘坐飛機時遇到雷暴很危險嗎？】

Mr.A在雷暴中被電得頭昏腦脹，那麼我們乘飛機時遇到雷暴豈不是很危險？

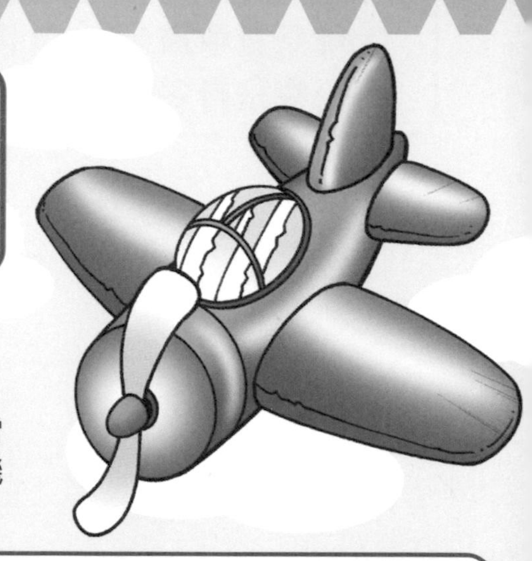

## 當飛機遇上打雷

一般客機的飛行高度為7000至12000米，但產生雷暴的積雨雲卻可覆蓋從3000米至18000米。那麼飛機進入積雨雲會有危險嗎？這可以從兩方面探討。

### 飛機被閃電擊中會受損嗎？

會，但很輕微。其實電荷只會依附在傳導體表面，所以飛機外圍包上一層金屬膜，把電荷傳至機翼和機尾的靜電排放裝置釋出，機內的乘客和設備就完全不受影響。

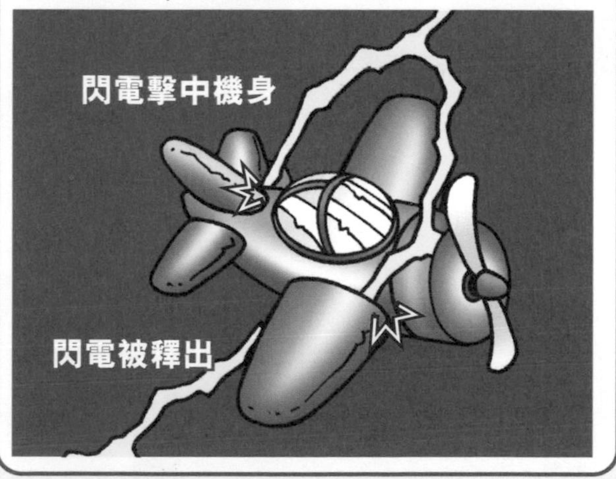


### 真正的危險

真正威脅到飛機的，是雷暴帶來的激烈空氣流動。尤其是氣流在某高度突然改變的風切變，很容易令飛機失控。要是飛機在起飛或降落的低空遇到該情況，後果不堪設想。

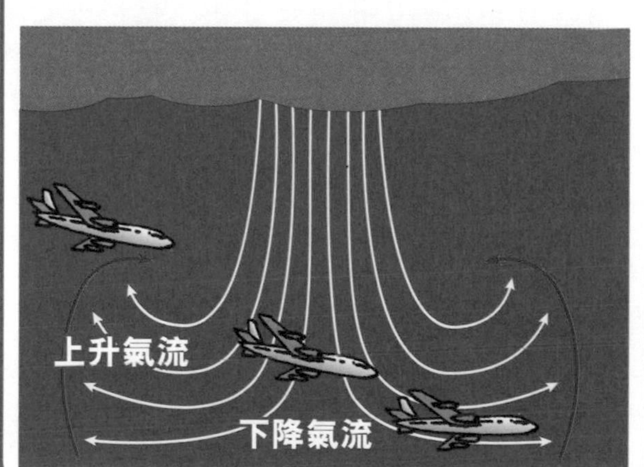


## 怎樣預防災難？

最簡單的方法就是避開雷暴區。現在科技發達，氣象衛星輕易探測到雷暴的位置，機師可隨時調整飛行路線。而且飛機設計亦已做足安全措施，發生意外的機會就微乎其微了。

# 【人工降雨的利與弊】

**為解決旱災，現時多個國家也有使用人工降雨。不過這方法實際上有利亦有弊，到底下圖中各個地區會出現哪些益處和害處？**

**Ⓐ降雨量增加　Ⓑ降雨量減少　Ⓒ空氣污染　Ⓓ防止山火**
**Ⓔ影響飛行安全　Ⓕ引發水災　Ⓖ出現乾旱**

## 答案

① ⒸⒺ

現時最常用的人工降雨方式，是以高射炮或小型飛機向雲層散播碘化銀，使水滴凝固、積聚，以促使下雨。不過這些化學物質會造成空氣污染，而且發射方式亦可能影響飛機的飛行安全，是值得注意的地方。

② ⒶⒹⒻ

缺乏雨水的地方得到人工降雨，固可解決乾旱問題；在出現大型山火的地區實行，亦有撲滅山火的作用。然而這可能影響到周邊人口密集的城市，造成雨水泛濫，必須注意。

③ ⒷⒼ

人工降雨是讓雨水提早落下，並非憑空變出來，這代表原本該下雨的地方變了沒雨水，有可能反過來令那地區出現乾旱。若情況出現在國境邊界，更有機會造成資源爭奪，引發國際問題！

**人工降雨仍然是極具爭議性的話題，到底這種解決旱災的方法是利大於弊，還是破壞了大自然定律？大家也一起來思考吧。**

守護這片天
嗄…嗄…嗄…
今天天氣很好，行山就最適合不過了！
終於到達山頂了！
唔？
哇
你們看！一呼氣藤葉就合上了！

藤蔓不是
從樹上
長出來的，
而是
從天而降！
看來不像是
人類的建設…
吓？
難道
這是外星人
的監視器？
説不定會
放出毒氣，
無聲無息地
殺滅
地球人！
哼！竟是這樣~~~~
就看看你是何方神聖！
大剛你
幹甚麼
啊？
吹氣單人飛機
還記得這法寶嗎？
它能自動飛行，
輕輕鬆鬆就能飛上天啊！
小Q…那次雲層追逐戰，
大剛不在喔！
是嗎？
沒關係，現在就
帶他試飛一下！
扣好安全帶，
然後按一下
操控桿上的按鈕，
飛機就會
馬上起飛！
我準備
好了！
Woohoo~~~~

啾啾啾！
警告！氣壓過低，飛機將有爆破危險！請從速撤離或……

高空的氣壓很低，
但飛機內的氣壓卻與地面一樣，
這種壓力差正迫使飛機急速膨脹！
快穿上後備火箭衣，準備逃生！

按下紅色緊急逃生掣，
座位便會彈出，
火箭衣隨即自動導航！
嗖－！

啊
小松
失控了！

小松！

小 Q…這裏是甚麼地方？
剛才雲層下的是大氣層中的對流層，天氣現象都發生在那處。現在我們處於平流層，空氣依水平方向平穩流動，很適合長途飛機飛行。

對了！之前坐飛機往窗外看就是這片景象！
沒想過自己能飛得這麼高~~~

我也沒想到藤蔓竟是從更高處垂下來，真奇怪……
我們真的要去嗎？好像有點可怕…

總要查出真相！
對啊！沒事的~~~
有小 Q 在嘛！

嘟嘟嘟…

偵測到目前位置的
紫外線水平極高！

不用擔心，我們只是
進入了臭氧層破洞！
破洞？
怎麼我
沒看見？

臭氧洞並非一個實在的洞，而是代表臭氧含量過於稀薄的區域（比正常少約 40%）。而令臭氧減少的主因，就是人類發明的氟利昂（CFC）！

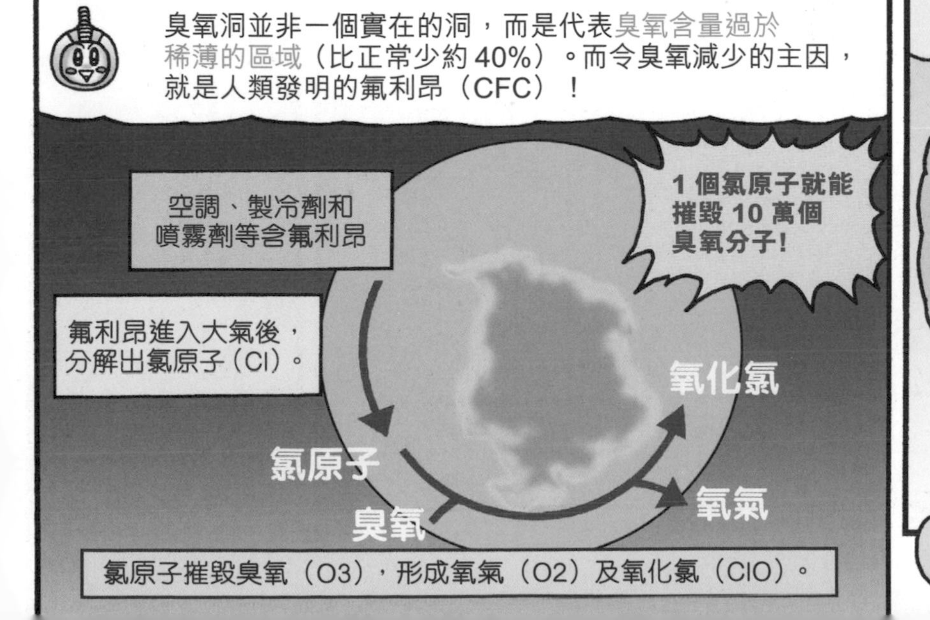
空調、製冷劑和
噴霧劑等含氟利昂
1 個氯原子就能
摧毀 10 萬個
臭氧分子！
氟利昂進入大氣後，
分解出氯原子（Cl）。
氧化氯
氯原子
臭氧
氧氣
氯原子摧毀臭氧（O3），形成氧氣（O2）及氧化氯（ClO）。

少了臭氧會怎樣？
臭氧的作用是吸收
紫外線，若有過多的
紫外線進入到大氣層，
會增加人類患上
皮膚癌、白內障等
疾病的風險！

那你還說不用擔心！

我是說火箭衣有足夠保護，
你們不用擔心會被紫外線曬傷⋯
不過說來奇怪，雖然臭氧洞
曾達 **2830 平方公里**，足有
3 個美國般大，但也不太可能
擴展至這片空域⋯⋯

莫非
又多了一個
大臭氧洞？
但氟利昂的排放已受到控制，
近年臭氧洞也逐漸縮小了！

難道跟那些
藤蔓有關？
**如果是真的，藤蔓
背後一定有陰謀！**

你覺不覺得
愈來愈冷？
對啊⋯⋯
我們身處中間層，
這層頂端的溫度只有 -90℃，
是大氣層中最低的！

**咦？你們看！**

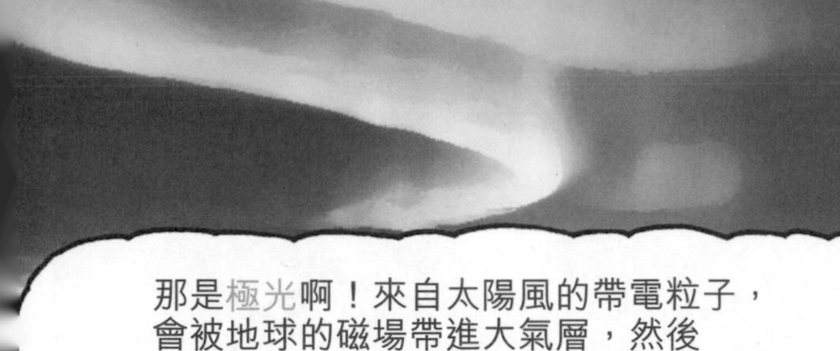

那是極光啊！來自太陽風的帶電粒子，會被地球的磁場帶進大氣層，然後和增溫層中的原子碰撞，就造成了極光。
甚麼增溫層？小Q不是說我們在中間層嗎？


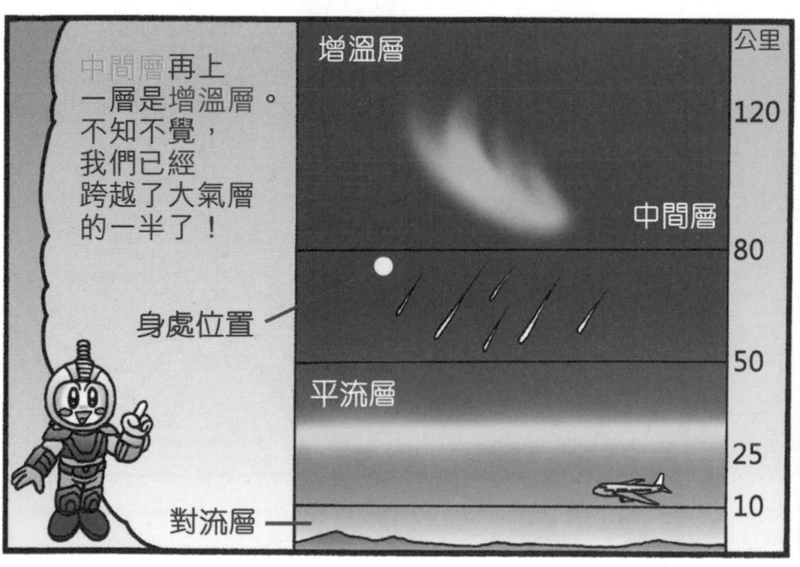

中間層再上一層是增溫層。不知不覺，我們已經跨越了大氣層的一半了！
增溫層
公里
120
中間層
80
身處位置
50
平流層
25
10
對流層

哇~~~~~好美啊！
聽說木星和土星也有極光呢！
真的嗎？

!!


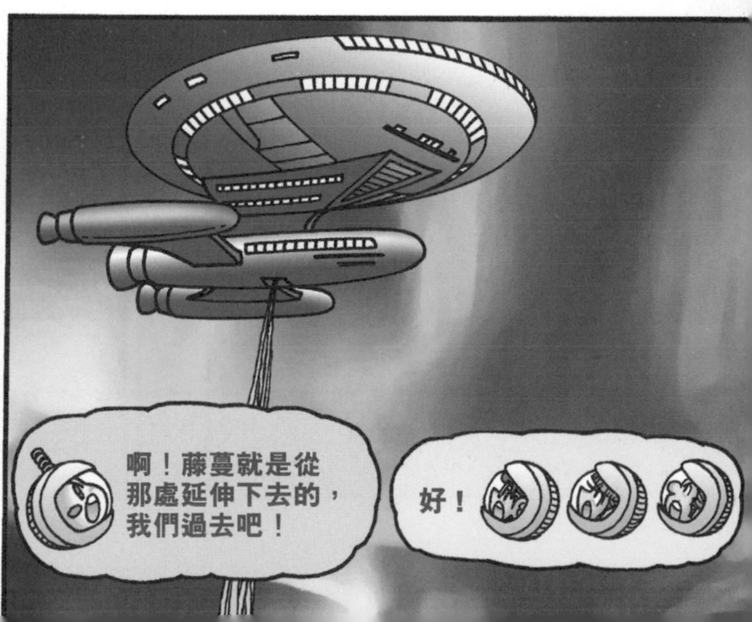

啊！藤蔓就是從那處延伸下去的，我們過去吧！
好！

潛入

躡手
躡腳

甚麼人！

捉住他們！
快逃！

晴晴！
只剩下
小Q了……

真搞不懂！
近日無故流行起
氧氣美容，呼吸氫氣
不是好好的？
對啊，
我們 α 星
哪有這麼多
氧氣！
正因如此才找來
那個 Mr.A 呢！
是他教我們來這裏
提取氧氣啊~~~~
可惡啊！

我是
宇宙巡邏隊
地球分部的
成員！
你們入侵地球
及偷取資源，
已經觸犯了
宇宙規例！

饒命啊！我們只是
受命協助 Mr.A 而已！
快將整件事
和盤托出！

Mr.A 說地球有
用不完的氧氣，
他提供外星藤蔓
吸取，再以低價
賣給我們。
藤蔓吸收
大量紫外線後
會迅速生長…
他預計 3 天就能
吸走空氣中
10% 的氧氣！

要儘快制止他！地球
只有約 20% 氧氣啊！

我是宇宙巡邏隊成員！
立即停止及關掉所有吸氧裝置！
8%

8%
喀嚓！

封鎖所有出入口，
待會兒要
逐個人搜查！
哎呀！太遲了～～
逃不掉該怎辦呢？…

嘿嘿……
想到了！

嘿…
滋滋——

整個船艙內都
找不到 Mr.A，
他很可能已經
混在你們當中！
現在會用一個
特別的方法
去確認
你們的身份……

呃……

到底要用藤蔓幹甚麼…

哇～～！

啊啊啊！我最怕搔癢的了！～～
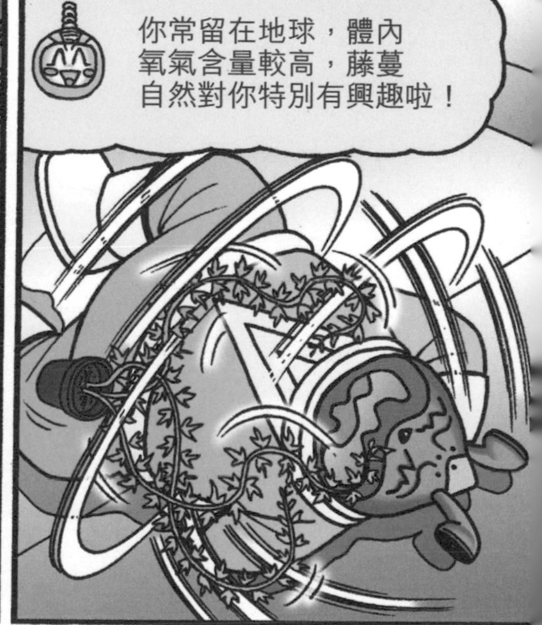
你常留在地球，體內
氧氣含量較高，藤蔓
自然對你特別有興趣啦！

快把氧氣
釋回地球啊！
嘎嘎……
還要帶同臭氧發生器
對臭氧洞進行修補！
對不起！
我們誤信了
Mr.A 的話，
擾亂了
地球的資源…
請讓我們
一起修補
臭氧洞吧！
地球真的很美！
只有這麼獨特的
大氣層結構，
才能造就寶貴的
空氣資源…
我會學懂
珍惜！
不再隨便
破壞！
臭氧發生器
運作中
~完~

# 【大氣層有甚麼東西？】

為甚麼大氣層的溫度變化這麼大？
因為每一層的構造也完全不同啊。

**散逸層 約800-3000公里**
只有最輕的氫氣、氦氣及極少量其他氣體疏落分佈。這裏的氣體會散逸至宇宙，因此可視為外太空的起點。

**增溫層 約80-800公里**
由稀薄的氧氣和氮氣組成，極光就是在這一層產生。原子在碰撞中部分經過電離（得到或失去電子），形成電離層，是無線電通信的關鍵角色。

**中間層 約50-80公里**
本層頂部是大氣層最冷的位置，空氣會急速地上下流動。這層是地球的保護罩，每日有數以百萬計的物體從宇宙墜落這層燒毀，形成美麗的流星。

**平流層 約11-50公里**
空氣只會橫向移動的一層，相對平穩，因此飛機會選擇在這層的底部航行。吸收紫外線的臭氧層就在平流層頂部。

**對流層 0-約11公里**
我們生活的大氣層底部，範圍最小卻佔了整個大氣層的75%質量。而且影響我們生活的天氣變化也只會在這一層出現啊。

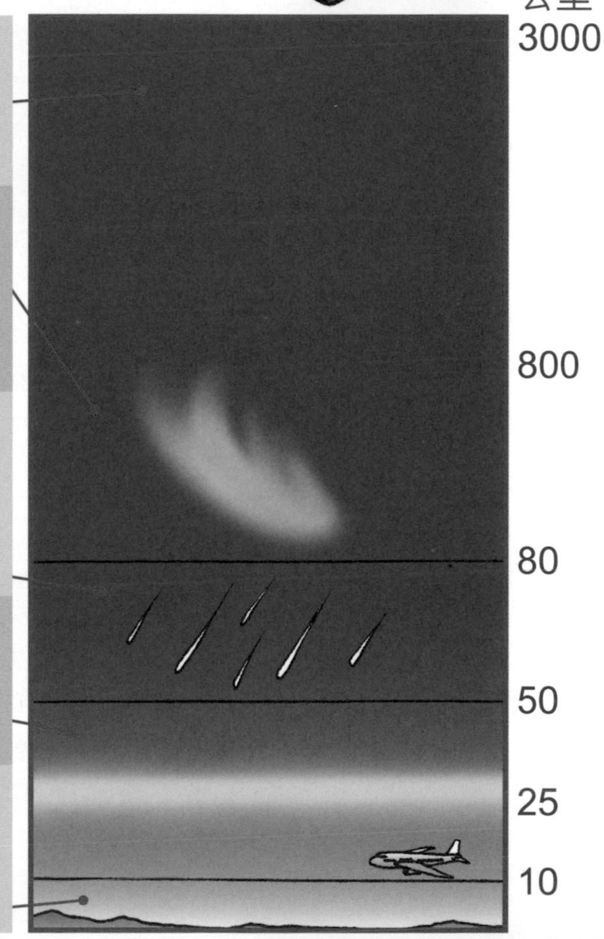


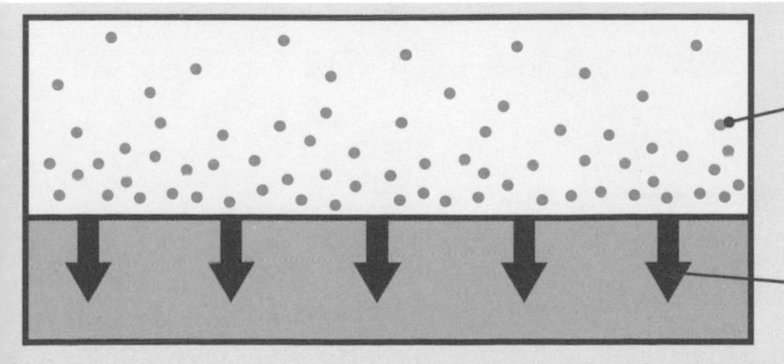


大氣層能夠形成，是因為地心吸力把空氣粒子拉住。愈重的粒子會愈被拉往地面，所以我們才可呼吸到氧氣呢。

# 【大氣成分知多少？】

**大氣層中除了氧氣之外，還有很多其他氣體。你知道哪種氣體最多嗎？試在下表填上各種氣體的名稱。**

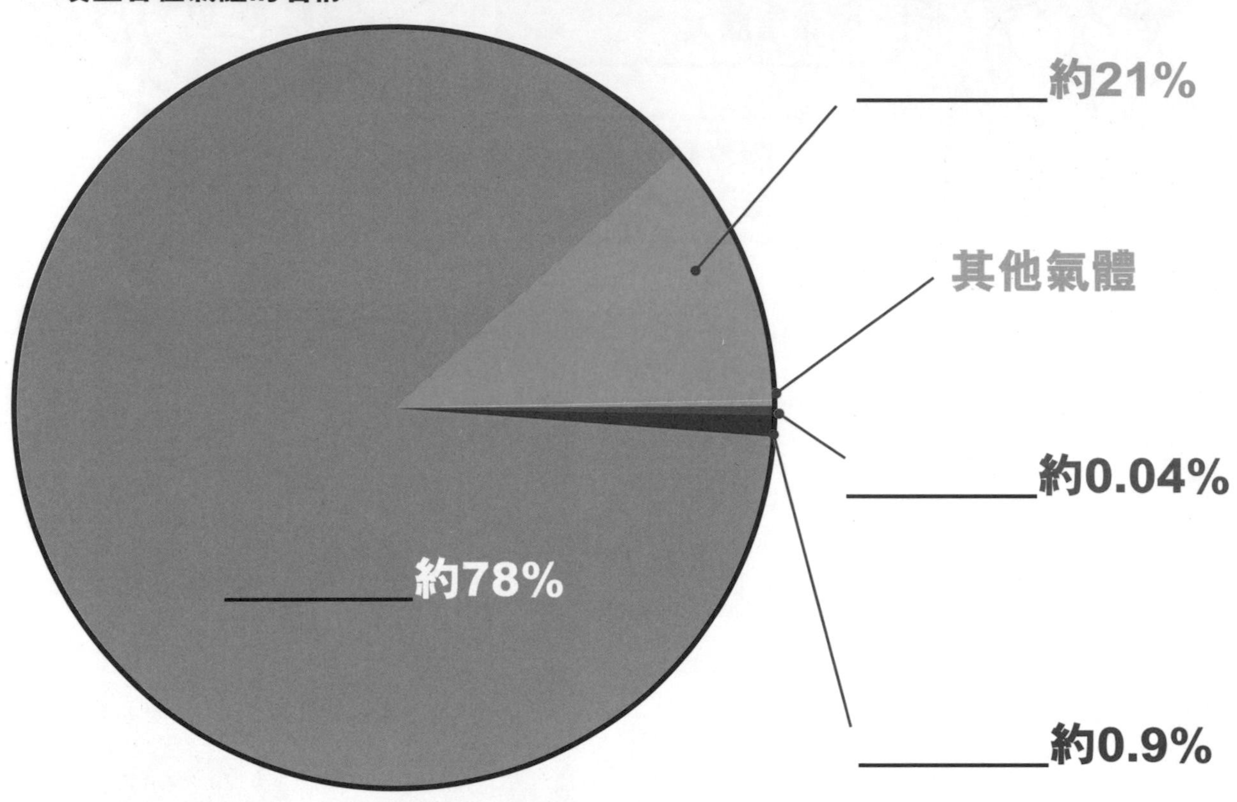


**答案**
氮氣約78%　　氧氣約21%　　氬氣約0.9%　　二氧化碳約0.04%

**氮氣**
無色無味，是非常穩定的氣體。氮氣是維持生存環境的重要元素，如果充斥四周的是其他活躍氣體，大氣層內就會不斷產生化學反應，生物都無法居住了。

**氧氣**
這除了是我們生存的必需品，亦是很容易產生化學反應的活躍氣體。氧氣的比例可説剛剛好，太少不足夠讓我們呼吸，太多則會令地球燒個不停。

**氬氣**
比氮氣更穩定的氣體，人類會注入燈泡、玻璃窗等產品中，保護裏面容易產生反應的物質。

**二氧化碳**
把太陽的熱能鎖在地球表面，保持環境溫暖的溫室氣體。

**其他氣體**
如水蒸氣、氫氣、臭氧、甲烷、氦氣等等，只佔極小部分。

# 鳥眼看世界

做鳥真好！
可以自由自在地飛翔，
生活得優哉悠哉！
對啊，而且整片天空
都是牠們的家呢！

真的是
這樣嗎？
小Q，
你不這樣
認為嗎？


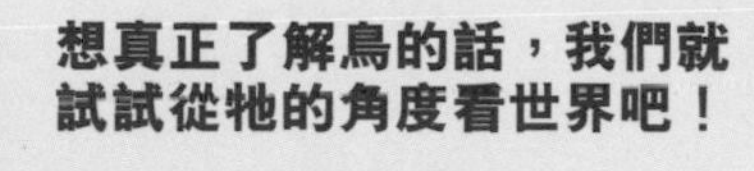

想真正了解鳥的話，我們就
試試從牠的角度看世界吧！

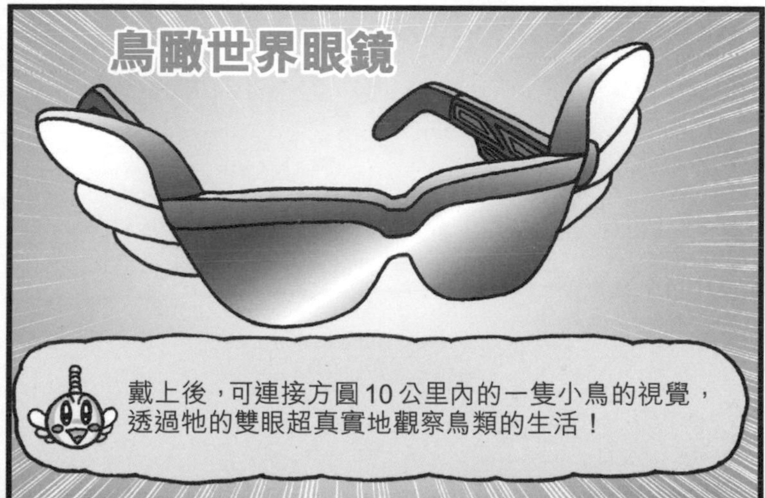

鳥瞰世界眼鏡
戴上後，可連接方圓10公里內的一隻小鳥的視覺，
透過牠的雙眼超真實地觀察鳥類的生活！

不知會看見甚麼呢？
一個完全不同的世界！
噢！
嘩——看見的影像和平常的很不一樣！
因為人的視野約為 200°，但鳥的視野則介乎 300°至 360°所以影像會呈弧形！

咦，牠是甚麼鳥？正在遷徙的候鳥嗎？
怎麼身旁都沒有其他同伴！
有可能啊！每年都有不少由北方來的候鳥，
途經香港再往南飛，或以香港作為過冬地。
有成群遷徙的，也有獨自……

小Ｑ！牠飛得很快，
卻好像看不見前面的高樓！
啊！快撞了！

呃…我從玻璃看到
那隻鳥的模樣！
眼鏡左側有一顆截圖按鈕，
快按一下！

咔嚓！


## 鳳頭鷹

種類：鷹形目／鷹科／鷹屬
體型：長 36-49 厘米，
重 360-530 克。
食性：肉食性，以吃蛙、鼠、
昆蟲和鳥為主。
習性：視覺敏銳，捕獵速度快，
常單獨活動。
棲息地：2000 米以下的山地森林，
亦居於南方地區的城市裏
（包括香港）。

我被牠
嚇了一跳，
沒想到牠
竟然不是
「小鳥」！

對啊，牠屬於
中等猛禽，
但在香港
很常見，
是留鳥的
一種。

鳳頭鷹還有
一個特點，就是
非常擅於飛行！

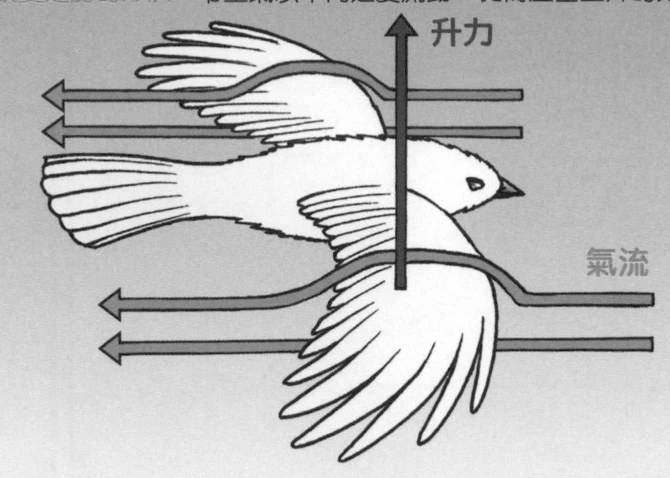

一般體型較小的鳥，要努力振翅拍翼才能飛行；而體型較大的鳥，則可透過改變翅膀的形狀，令空氣以不同速度流動，從而產生上升的力量。
升力
氣流
有時鳥兒不拍動翅膀也能飛行或停在半空，看似很輕鬆，但其實牠們是在專注感應氣流的方向，並調整自己的羽毛呢！

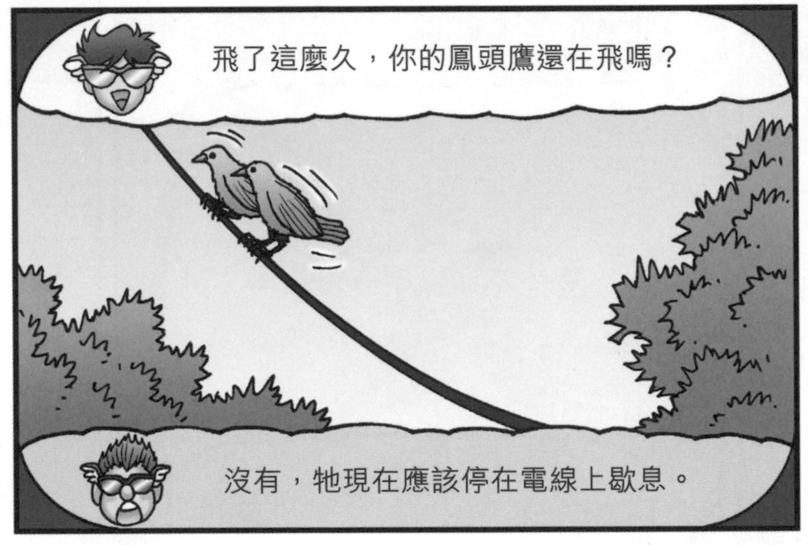

飛了這麼久，你的鳳頭鷹還在飛嗎？
沒有，牠現在應該停在電線上歇息。

在電線上？
牠不怕
觸電嗎？
嘿～～～
小松，
你連這個
都不知道？

所有電器都接着兩條線，
一條叫火線，一條叫地線。
只接通其中一條，電器是不會通電的。

人們同時手摸電線和腳站地上，就會構成完整電路，被電電到。但站在電線上的小鳥，只是接了一條線，沒有構成完整電路，因此不會觸電！

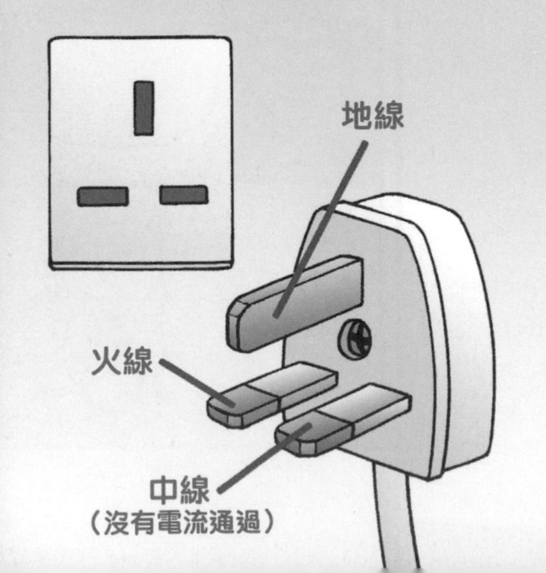

我以前聽過了，
只是⋯只是一時忘了！
是真的才好！

咦？

我看到了~~~！這隻鳥好像在公園裏，
身旁還有幾隻鳥伴着低飛！
牠們的樣子很眼熟，是⋯⋯
麻雀！

哎唷～～～就算不是猛禽，也應該找一種特別一點的鳥啊～～～
麻雀是香港的留鳥，體型短圓，也十分可愛啊！

麻雀
種類：雀形目／麻雀科／麻雀屬
體型：長13-15厘米，
重約25克。
食性：雜食性，主要吃昆蟲、
種子和果實，也吃
人類丟棄的食物。
習性：活潑好奇，膽大但
警惕性強，常成群活動。
棲息地：人類活動較多的環境，
如城鎮（包括香港）、
村落和田野。

細心想想，牠們很是可憐，甚麼都要放進口……

哈哈哈～～～

嘰！
嘰！

嘰喳嘰喳…
嗖——

砵——
嘰！

啪！
啪！
啪！
啪！
不要啊！

啊！

嗄嗄…小Q，那群麻雀全都撞向隔音屏障…嗄…是暈了，還是死了？
我也不知道……

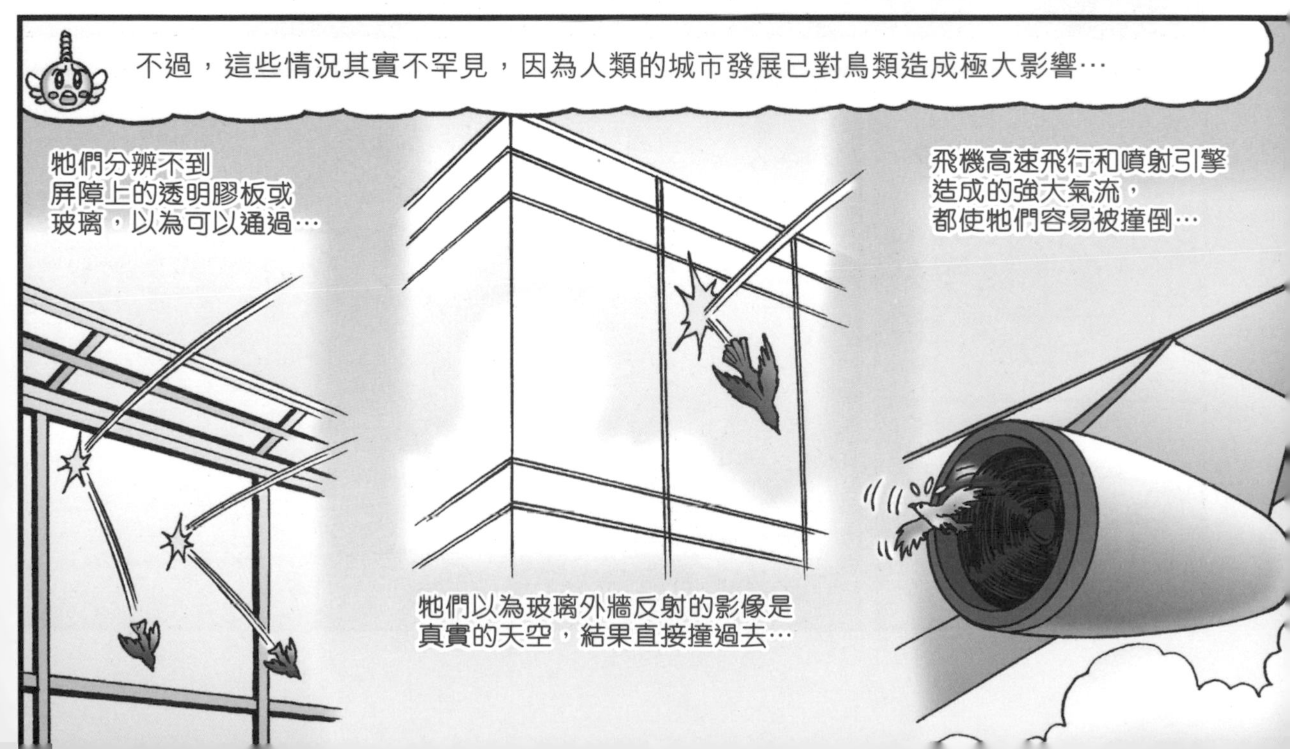
不過，這些情況其實不罕見，因為人類的城市發展已對鳥類造成極大影響…
牠們分辨不到屏障上的透明膠板或玻璃，以為可以通過…
牠們以為玻璃外牆反射的影像是真實的天空，結果直接撞過去…
飛機高速飛行和噴射引擎造成的強大氣流，都使牠們容易被撞倒…

牠有沒有事呢？

唔…

太好了！
你沒事…
嘰嘰~~~~

咦？~~~這不就是我的家嗎？
難道你在外面的大樹上？
嘰！

欸~~~大剛，
我的麻雀沒死，
牠還在屋外的大樹上呢！
我們出去看看牠吧！
先等一下！

我的鳳頭鷹本來一直在半空盤旋，
但突然停了下來，凝視着下方，
我很好奇牠在看甚麼…

原來鳳頭鷹
也在這兒的
上空啊！

是嗎？
但我從
麻雀的眼裏
看不見
鷹啊~~~~

咦？

啊！是鷹啊！

嘰！
嘰！
嘰！

＊危險動作，請勿模仿。

嘰喳嘰喳…

我去拿水給你喝好嗎？
小松，你不應該
這樣做啊！

你剛才
不顧安全地
救了牠，
已經干預了
自然界的
法則！
麻雀有禦敵的
本能，鷹亦有
覓食的需要，
如果鷹因此
而餓死，
又有誰
來救牠呢？

小Ｑ說得沒錯！
雖然小鳥擁有自由，
但原來自由需要
付上代價…
牠們不能像人類
靠工作換來食物，
而是要不斷覓食，
甚至冒着生命危險
才能得到一餐溫飽！

我明白了……
牠們雖能飛越整片天空，
但卻少有固定的居所，
有些種類更要隨氣候而遷徙。

加上人類
不斷開發森林…

牠們就更難
找到容身之地！

人類為了改善生活，才會將郊區規劃成城市，又將城市面積持續擴張。部分鳥類亦一樣，為了穩定的食物資源和合宜的溫度，才會從森林移居城市，大家都是各取所需！

每個物種都會選擇一套對自己較有利的生存模式，然後改變舊有的習慣，以適應當中的不足。
這就是「物競天擇，適者生存」！

那麼，只要人類不把自己看作世界的中心，為了利益對環境作過度的開發⋯
並且尊重其他物種的生存權利以及生活方式，兩者一定可以和平共處！

你們和外星人都能好好相處，更何況是一同活在地球多年的其他物種呢！

～完～

# 【拯救小鳥大行動】

雖說不能違反自然定律，但香港鳥類眾多，總有機會遇到受傷的小鳥，想救助牠們有甚麼方法呢？
要是你發現有雀鳥受傷或生病，可致電1823通知漁護署職員，就會有專人負責救助。

**若那是沒有受傷的幼鳥，就要依照以下步驟，決定下一步行動了。**

**步驟一：** 判斷年齡。觀察牠的外表，如果是未長出羽毛或只有管狀羽毛的雛鳥，就前往**步驟二**。若是羽翼已豐，略懂飛行的幼鳥，就前往**步驟三**。

**步驟二：** 環顧四周樹木，看看能否找到鳥巢。若找得到便可嘗試把牠放回去；如找不到或位置太高，則可移至安全地方如樹枝上面，然後前往**步驟四**。

**步驟三：** 如幼鳥的位置是容易被車撞到或會被其他動物襲擊，可把牠移至安全地方。若沒即時危險，則可留牠在原處，然後前往**步驟四**。

**步驟四：** 如接觸過雀鳥，必須清潔雙手，以免染上疾病。

其實所有野生雀鳥都受香港法例保護，若非必要應儘量避免接觸牠們！

# 【如何與雀鳥共存？】

以下幾個遇上雀鳥時的行為，哪些是正確？哪些是錯誤的？請填上正確空格。

正確：

錯誤：

① 遇見稀有鳥類時立刻拍照。

② 在遠處觀看鳥類。

③ 於社交平台公開稀有鳥類位置。

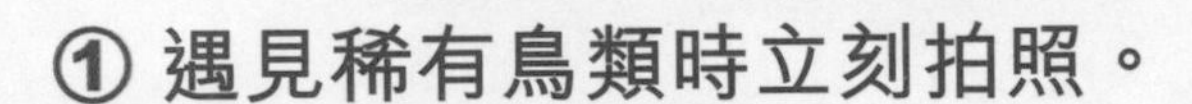

④ 發現幼鳥在地上應立刻移至安全位置。

⑤ 看見雀鳥屍體應移往附近泥土埋葬。

⑥ 如雀鳥在你家窗外築巢，也該忍耐，別騷擾牠們。

⑦ 不可餵飼野生雀鳥。

⑧ 把受傷的雀鳥帶回家飼養。

**答案**

**正確：②、⑥、⑦**

② 應避免騷擾雀鳥生活，如牠們受驚可能會不敢回巢照顧子女。

⑥ 雀巢只是照顧雛鳥時使用，約兩星期後牠們便會離開，你就可回復清靜了。

⑦ 習慣被餵飼的野鳥會失去覓食能力，反而害了牠們。

**錯誤：①、③、④、⑤、⑧**

① 拍照可能會引起雀鳥不安，如很想拍也只可從遠處對焦，不可開閃光燈。

③ 公開稀有雀鳥位置可能吸引大量人群聚集，甚至被不法之徒非法捕獵！

④ 幼鳥可能只是正跟隨父母覓食，大家擔心的話可先觀察10分鐘才開始救助。

⑤ 雀鳥屍體可能帶有禽鳥病毒，應致電1823通知專人處理。

⑧ 雀鳥的飲食、生活習性都各有分別，沒經驗的話可能隨時弄巧成拙，令牠們死亡。

「傳」城恐慌
最近流感盛行，
如果我能研製出一種
殲滅流感的疫苗，
不就發達了！
嘭啷！

啊！

麻煩死了！又要打掃！

咕嚕
香口膠
嘻！
以上行為皆屬錯誤示範，請注意環境衞生，切勿模仿！

他不就是那個經常光顧我的
大剛嗎？看看他最近缺甚麼！

呃…
手腳
發麻

你怎麼了？

你好重……
是吃得太飽才昏倒嗎…

第二天
鈴鈴鈴~~

咦，大剛，
你被蚊叮嗎？
不知道啊~~
這個季節怎麼還有蚊呢？

老師
來了！

呃…

啪啦啪啦~~！

大剛，
有甚麼事嗎？
嗯？
不…沒事…

依我看，
大剛是在打瞌睡
才會推跌物件吧！
哈哈哈~~
還說甚麼手發麻了！
大剛
可能患了
怪病啊。

如果他患的是傳染病，
你們**也可能受感染了**！

吓？
唔…

啊，就像這幾天我在**歷史投影機**
看到的傳染病般，
一傳十、十傳百……
歷史
投影機？

歷史投影機
它儲存了地球各地的歷史檔案，
説出指示即可搜尋，
能方便快捷地查閱歷史呢！

香港的傳染病史！
厲害啊！

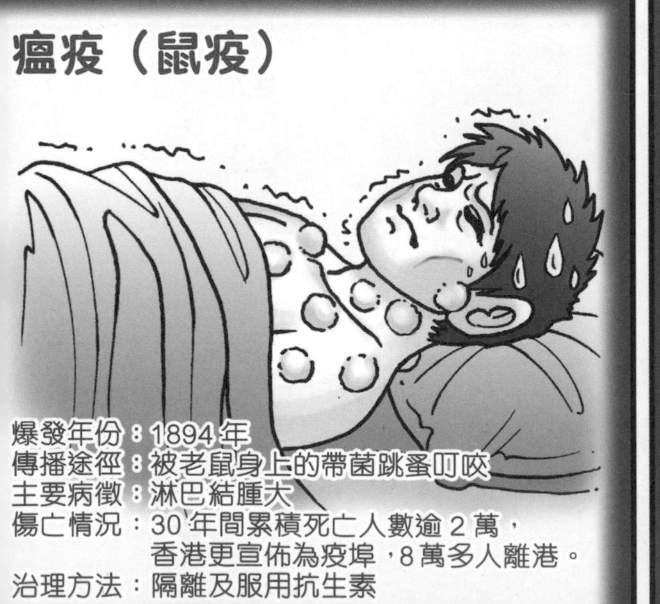
瘟疫（鼠疫）
爆發年份：1894 年
傳播途徑：被老鼠身上的帶菌跳蚤叮咬
主要病徵：淋巴結腫大
傷亡情況：30 年間累積死亡人數逾 2 萬，
香港更宣佈為疫埠，8 萬多人離港。
治理方法：隔離及服用抗生素

霍亂
爆發年份：以 1937 和 1940 年為主
傳播途徑：受污染的食物或水
主要病徵：腹瀉或嘔吐
傷亡情況：2500 人染病，1600 人死亡。
治理方法：補充水分及鹽溶液，亦可能須
服用抗生素。

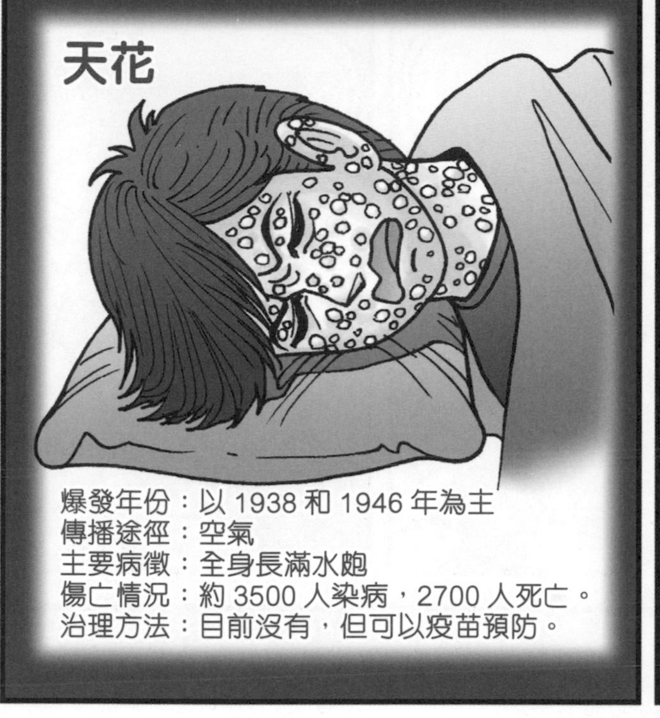

天花
爆發年份：以 1938 和 1946 年為主
傳播途徑：空氣
主要病徵：全身長滿水皰
傷亡情況：約 3500 人染病，2700 人死亡。
治理方法：目前沒有，但可以疫苗預防。

SARS（嚴重急性呼吸系統症候群）
爆發年份：2003 年
傳播途徑：咳出的飛沫
主要病徵：發燒和呼吸異常
傷亡情況：1755 人染病，299 人死亡。期間有屋苑遭到隔離，全港學校停課。
治理方法：仍在研究

難怪經常聽到人説SARS，原來就發生在十多年前！
但這些傳染病，為甚麼現在都沒有了？
因為現在有了預防疫苗，衛生環境又得到改善，一旦發現感染源頭，亦會馬上作出防範！但也不是所有傳染病都能滅絕…

吓？為甚麼啊？
病毒可快速變種，像「COVID-19」就是由跟 SARS 類近的冠狀病毒所引起的！

嗚哇～～太恐怖了！我不要再聽！

啊！怎會這樣？
你可能被大剛傳染了！
腳痺～
嘻！是坐太久而已！

小松，
快起來！
翌日早上

你看！
昨天，多間醫院合共
接收了幾十名病人，
出現相似徵狀…

患者身上長出紅點，
以及有手腳麻痺的
情況…

衞生部門現正
循新型流感及
傳染病方向調查！
甚麼 !??

嗚嗚…你這烏鴉口！
我這次慘了，
怎麼辦…
現在都不知是甚麼病，
可能透過親密接觸
才會傳染呢~~~

欸~~~如果是流感，
我早前打了疫苗，
是不是就沒事了？

不一定…由於疫苗只能針對某一種
特定的流感，假如**病毒出現變種**，
我們身體內的防衛隊便有可能認不出來！

注射疫苗後
我認得你！
原始病毒
抗體士兵
人體

病毒變種後
他是誰
呢？
變種病毒

## 疫苗的原理

疫苗是將含少量細菌或病毒的生物製劑注射到體內，令免疫系統能預先辨認它們，並產生對應的抗體。

當病原體入侵身體細胞。

病原體

身體細胞

細胞向免疫系統通報。

免疫系統

免疫系統認出「壞人」，並命令 B 細胞出動。

B 細胞

B 細胞發射抗體對付病原體。

抗體

中了抗體的病原體被細胞吞噬。

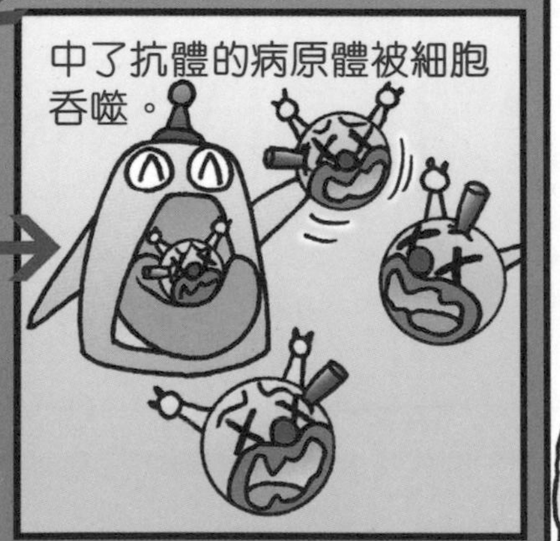

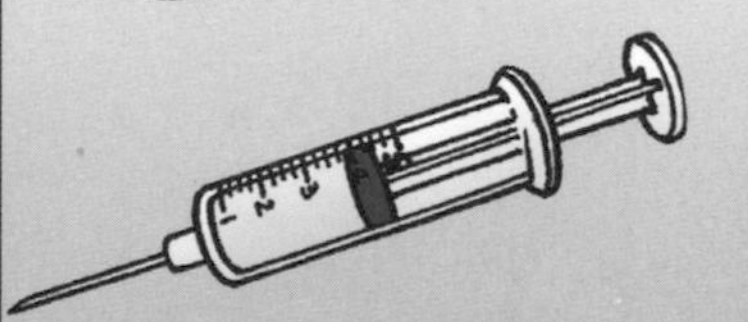
你們自小就接種疫苗，所以對許多疾病都有了抵抗力！
例如結核病（卡介苗）、乙型肝炎、肺炎球菌、水痘、破傷風和痲疹等等。

為甚麼不把所有病的疫苗都接種了，那麼我們就不會生病啦~~~
細菌和病毒都是頑強的敵人，擊退了又會變成另一個模樣再來侵襲，這是場永無休止的仗啊！

嗚嗚…我知道不管是甚麼怪病，小 Q 你都一定有辦法的！
好吧好吧，知道了！

現在去找大剛，這件法寶應該能檢測到他的致病原！
嗯！

甚麼？
大剛家
砰！

大剛被送進
隔離病房了？
是啊，害你們白走一場。而且現在
還未知是甚麼病，會不會傳染……

請問我們可以
到他房間
看一看嗎？
喔…
喔……
可以啊。

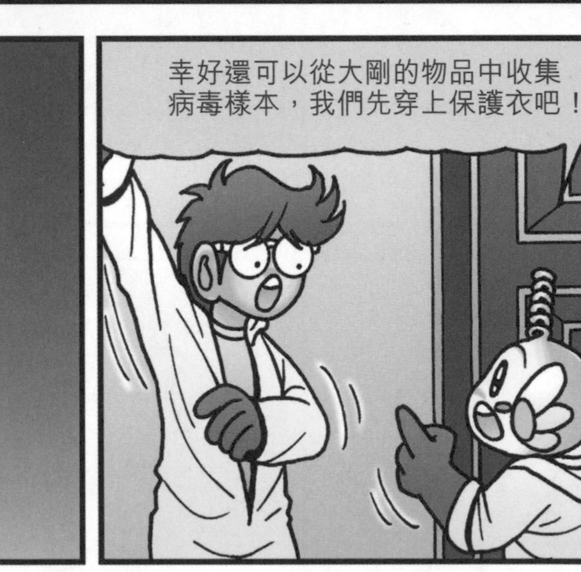
幸好還可以從大剛的物品中收集
病毒樣本，我們先穿上保護衣吧！

戴上這副病毒現形眼鏡，
能快速鑑別樣本上的病毒類型，
它還配備了一個龐大的
疾病資料庫呢！
病毒現形眼鏡

正在分析樣本…

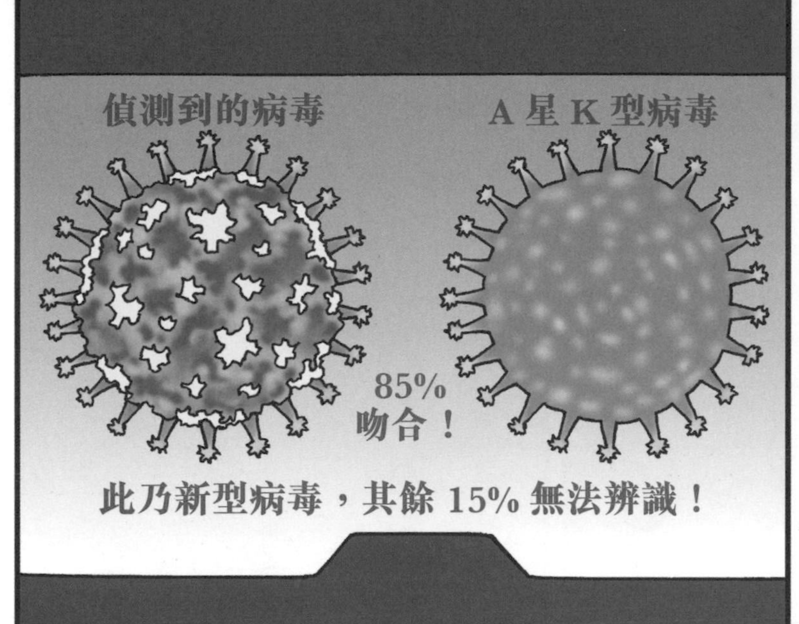

偵測到的病毒
A 星 K 型病毒
85%
吻合！
此乃新型病毒，其餘 15% 無法辨識！

嘩！連外星病毒都能辨識到呢！
A 星在哪裏？好像有點耳熟…
A 星就是
Mr.A 的星球啊！
看來又是
他做的好事！

這次真的與我無關，
不要甚麼事都算到我頭上！

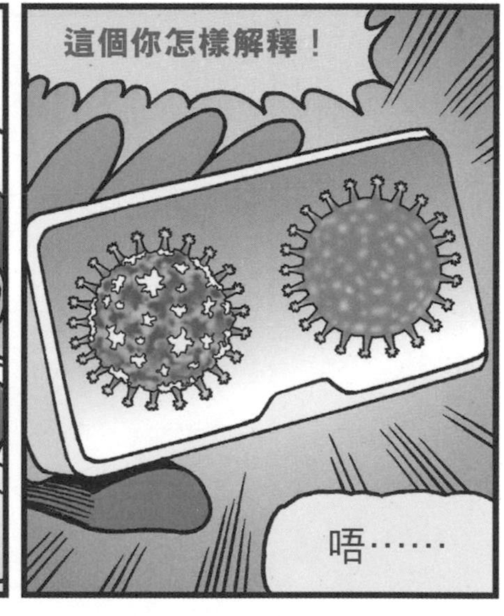

這個你怎樣解釋！
唔……

嘭嘞！
莫非…

嘿…好像有天做實驗時，摔破了兩枝
試管，也許裏面的兩種病毒混合起來，
剛巧變成了一種新病毒…

那到底是
甚麼病毒？
A星
K型
手足
口病
是A星的K型病毒和
手…

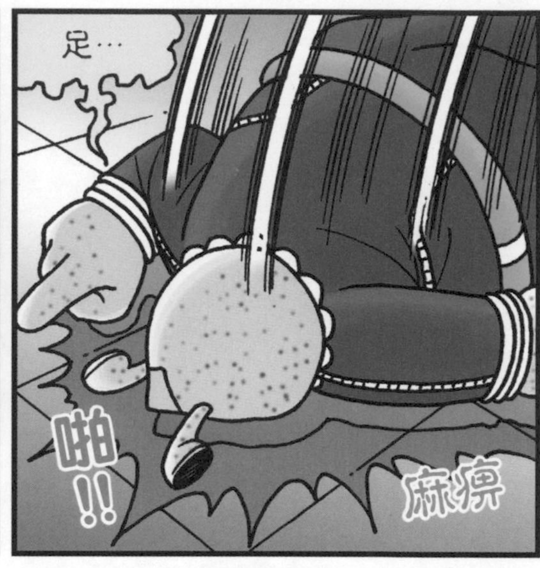
足…
啪!!
麻痹

喂！你幹甚麼？
醒啊~~~~！

噠噠噠…

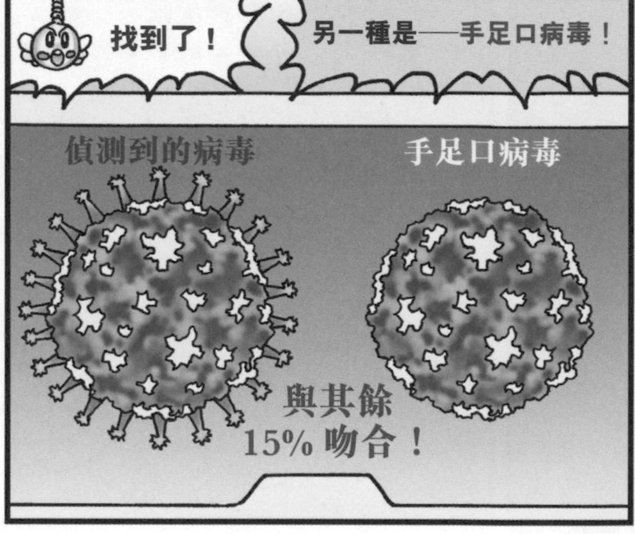
找到了！
另一種是──手足口病毒！
偵測到的病毒
手足口病毒
與其餘
15% 吻合！

「手足口病毒傳染性
很強，可引致
嚴重併發症，
如病毒性腦膜炎、腦炎、
類小兒麻痺癱瘓等」？
沒錯，還要
跟外星病毒
混合變種！
到底新病毒
有多兇猛、
多少人
已遭感染…

無論如何，一定要盡快
研製出解藥！

感染人數持續增加，
多名病患出現
短暫麻痺癱瘓的徵狀…
病毒來源未明
醫院急研特效藥
據最新消息指，病毒更有
在校園爆發的跡象，
引致人心惶惶……

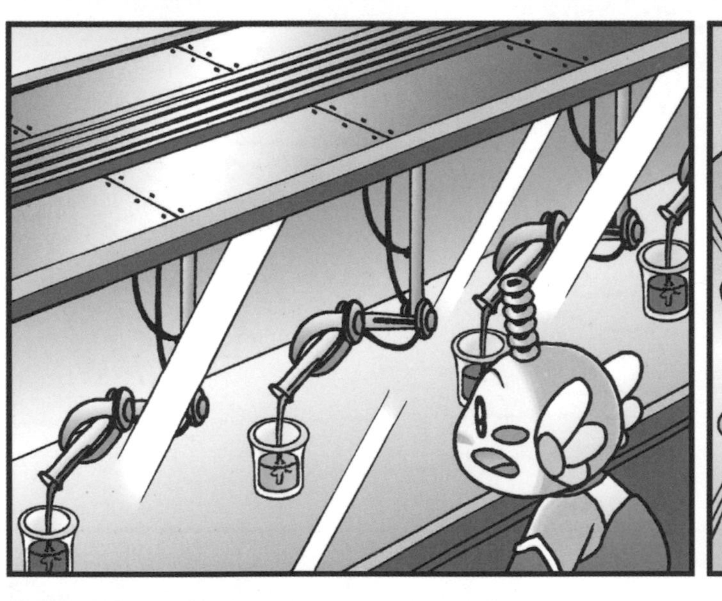

終於
成功了！

我們只要駕着飛機，
將特效藥散播
在空氣中，所有
帶病毒的人吸入後
都可痊癒！
太好了～～～！

呼呼呼～～～

啊…
啊…

Hospital
一天後
大剛，快多謝我，
全靠我
你才沒事的！
是我的抵抗力好，
才會好得
這麼快啊！

滋滋~~~~~
消毒劑

酒精搓手液

大剛這樣
是否就能
抵禦病菌
呢？
當然~~~~
注意衞生，細菌
就無所遁形！
如果能創造
一個無菌世界
就好了！

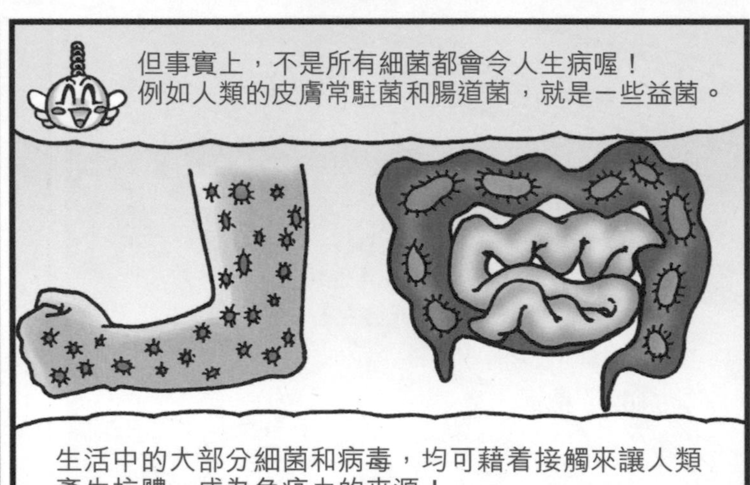
但事實上，不是所有細菌都會令人生病喔！
例如人類的皮膚常駐菌和腸道菌，就是一些益菌。
生活中的大部分細菌和病毒，均可藉着接觸來讓人類
產生抗體，成為免疫力的來源！

可是近年愈來愈多
新型傳染病爆發，人類
又怎能不加強防衞啊？
你說得對！但病菌
也很聰明，當我們
經常用消毒產品和
抗生素去對付它們，
它們亦會透過不斷
變種，進化成
超級惡菌！
超級惡菌？
在哪裏？
讓我消滅它！
冷靜點…



~完~

# 〔疫苗是怎樣製造的？〕

這款新疫苗發表了第三期報告……其實甚麼叫第三期？為何研發疫苗要那麼久？

## 製造疫苗的成分

疫苗中的最主要成分，就是讓免疫系統辨認的病原體資訊，除此之外還包含了甚麼東西呢？

**病原體**——不同種類的疫苗裏含有不同的病原體資訊。

**表面活性劑**——把所有成分混合，避免沉澱或結塊影響功效。

**稀釋劑**——把疫苗稀釋至適合人體使用的濃度。

**佐劑**——部分疫苗會加入佐劑，給免疫細胞額外刺激，提高免疫反應。

**穩定劑**——防止疫苗內部產生反應。

**殘留物**——生產過程中遺留的各種物質，數量極少。

## 四階段報告

**為安全起見，疫苗製成後必須經過臨床測試，證實有效並且不會危及性命才可上市。**

**第一期：** 招募少數年輕健康的志願者，注射疫苗測試反應，評估正確劑量及其安全性。

**第二期：** 找數百名志願者，特別是與目標接種人士相近的群組，作進一步測試。這階段開始會抽選一組人注射安慰劑*作對照。

**第三期：** 在多個地區以數千甚至數萬人規模進行測試，確保疫苗對不同人群都有效。國際間普遍認同必須通過第三期報告，才可正式投入使用。

**第四期：** 疫苗須經政府有關部門批准使用，而且投用後亦須持續監測，確保安全。

*安慰劑是指沒有效力的藥物，用來確認測試中出現的副作用跟疫苗有沒有關係。無論志願者還是醫生，都不會被告知誰是安慰組，以免影響判斷。

# 【疫苗種類知多少？】

**經過了最近的疫情，大家都認識了「mRNA」、「滅活疫苗」等名字，你知道各種疫苗的特徵嗎？請於各空格填上正確編號。**

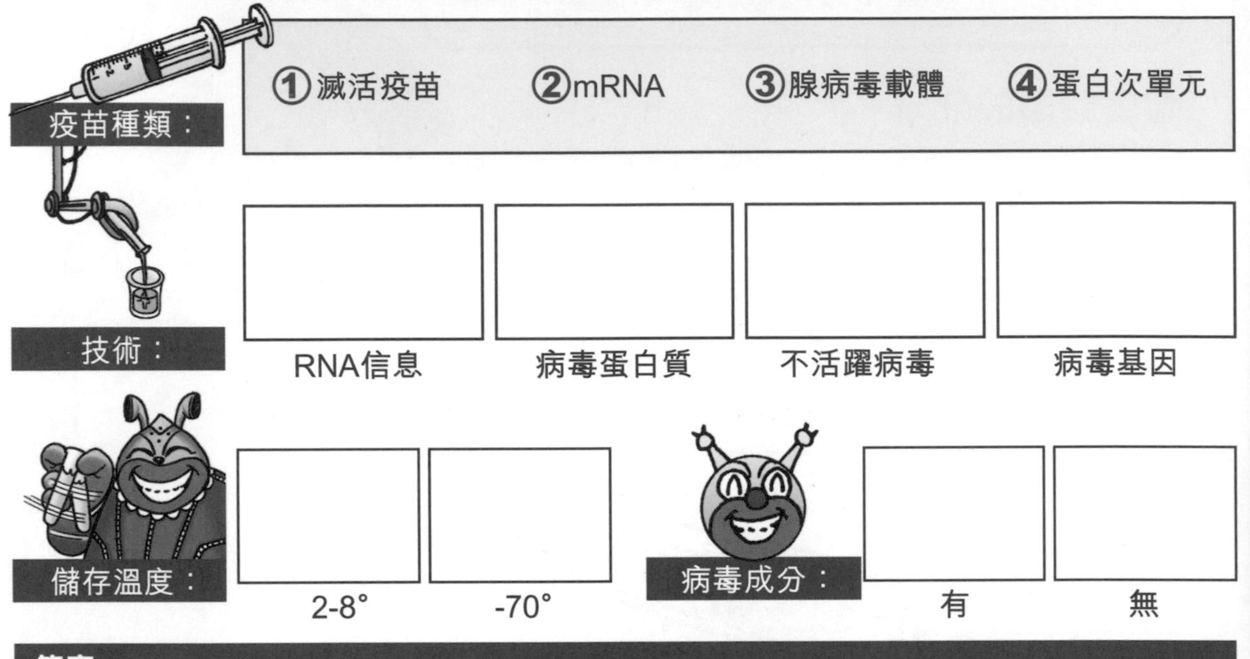

疫苗種類：
①滅活疫苗
②mRNA
③腺病毒載體
④蛋白次單元
技術：
RNA信息
病毒蛋白質
不活躍病毒
病毒基因
儲存溫度：
2-8°
-70°
病毒成分：
有
無

**答案**

**滅活疫苗**

以化學劑去除病毒的活性後製成疫苗，是很成熟的傳統技術。不過製造風險較高，化學劑本身可能有輕微毒素，而且如疫苗內有病毒的活性未除，就很容易被感染。

**mRNA**

注射一條RNA信息，指示細胞製造病毒的棘蛋白，讓免疫系統辨認。沒有病毒成分，成本低、生產效率極高。但這種技術雖研究了30年，卻在2020年才首次投用，還有-70度的儲存方式也很不方便。

**腺病毒載體**

腺病毒是一種弱感冒病毒，利用它運送冠狀病毒的基因，製造棘蛋白刺激免疫系統。這也是一種生產效率高的疫苗，而且易於儲存。不過如我們曾被腺病毒感冒感染，免疫細胞就會立刻攻擊載體，令疫苗效力大減。

**蛋白次單元**

使用基因重組技術把病毒的蛋白部分剪下以製成疫苗，由於成分簡單，比較安全。然而其免疫效果稍弱，需添加佐劑增強效力，只是這些佐劑有機會造成敏感等副作用。

蜜蜂體驗日
嗡～
別……別過來！
不要螫我啊！
我去拿殺蟲水！
等等！
蜜蜂沒有惡意啊！
等牠自己飛走就好了！
嗡～～～～
真是的。為甚麼
你們看到蜜蜂
就這麼害怕？
嗡

蜜蜂套裝
用這件法寶親身體驗當蜜蜂的滋味，可以增加你們對蜜蜂的認識，那就不會再那麼怕蜜蜂了！

小松和大剛突然變得很有女人味呢！
甚麼？

這是大家對女性的刻板印象而已！話說回來，蜜蜂幾乎都是雌性啊。

那牠們如何繁殖？

去找個蜂巢看看，你們就知道了！

咦？怎麼同一個蜂巢，
有些蜜蜂的樣子跟其他不同呢？

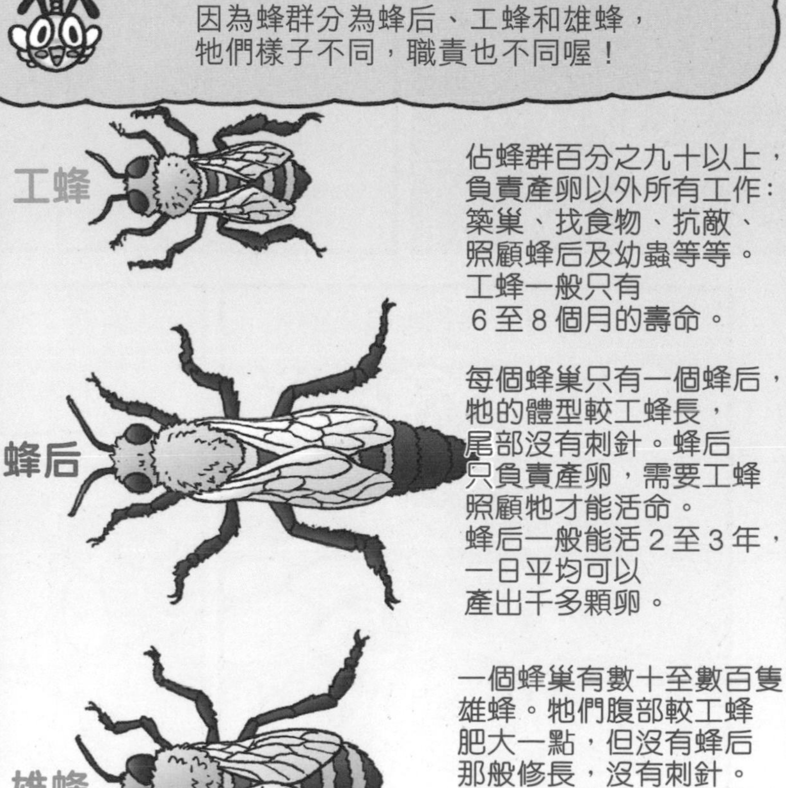
因為蜂群分為蜂后、工蜂和雄蜂，
牠們樣子不同，職責也不同喔！
工蜂
佔蜂群百分之九十以上，
負責產卵以外所有工作：
築巢、找食物、抗敵、
照顧蜂后及幼蟲等等。
工蜂一般只有
6至8個月的壽命。
蜂后
每個蜂巢只有一個蜂后，
牠的體型較工蜂長，
尾部沒有刺針。蜂后
只負責產卵，需要工蜂
照顧牠才能活命。
蜂后一般能活2至3年，
一日平均可以
產出千多顆卵。
雄蜂
一個蜂巢有數十至數百隻
雄蜂。牠們腹部較工蜂
肥大一點，但沒有蜂后
那般修長，沒有刺針。
雄蜂只負責在交配季節時
與蜂后交配，
然後就會死亡。

唔！
??

你們兩個呆着做甚麼？冬天快到了，
趕緊在花朵全凋謝前多採點蜜！
啊…

幼蟲巢室那邊不夠工蜂，
你們也來幫忙吧！
是！

噁！幼蟲看起來都黏巴巴的。

我們工蜂不太夠了，得快點
讓他們長大，才能維持蜂巢的運作！
你們去那邊拿點飼料來餵幼蟲吧！

呃，哪些才是給幼蟲的飼料？

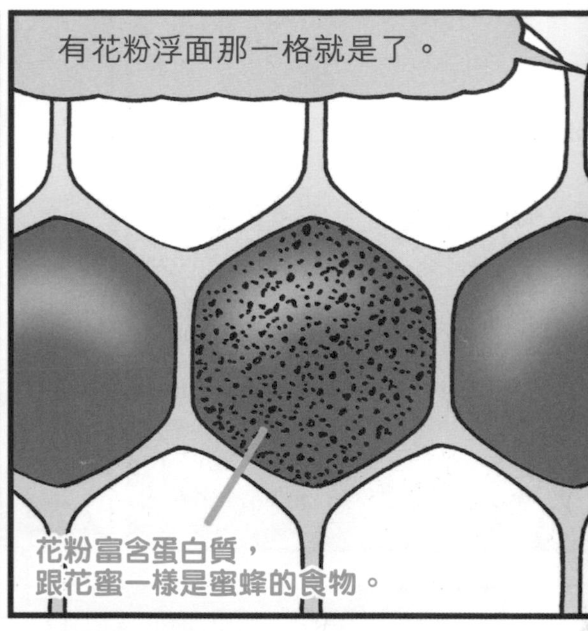
有花粉浮面那一格就是了。
花粉富含蛋白質，
跟花蜜一樣是蜜蜂的食物。

嗚……蜜蜂每天都得看到這團東西嗎？

哇呀！

你不要笨手笨腳的，差點
就踩死我們的幼蟲啊！

喂。我好餓，有東西給我吃嗎？
！

這裏有一點……
搶過

怎麼有吃不飽的蜜蜂？難道蜂巢的食物不夠？

住手！
甚麼事？

我看牠很餓，才……
你知道百多朵花的花粉才夠養一隻幼蟲嗎？
你敢搶食物？

當需要雄蜂繁衍後代時，我們才給他食物。但冬天馬上要來了，我們不能浪費食物在牠身上！

我們真的有誤解蜜蜂嗎？牠們竟然這樣對待同類……
嗚啊~
將牠帶走！
啊……

果園

我們到那邊採蜜吧！

瞪一
瞪一

好像
沒有花蜜
啊……

我還是示範給你看吧！

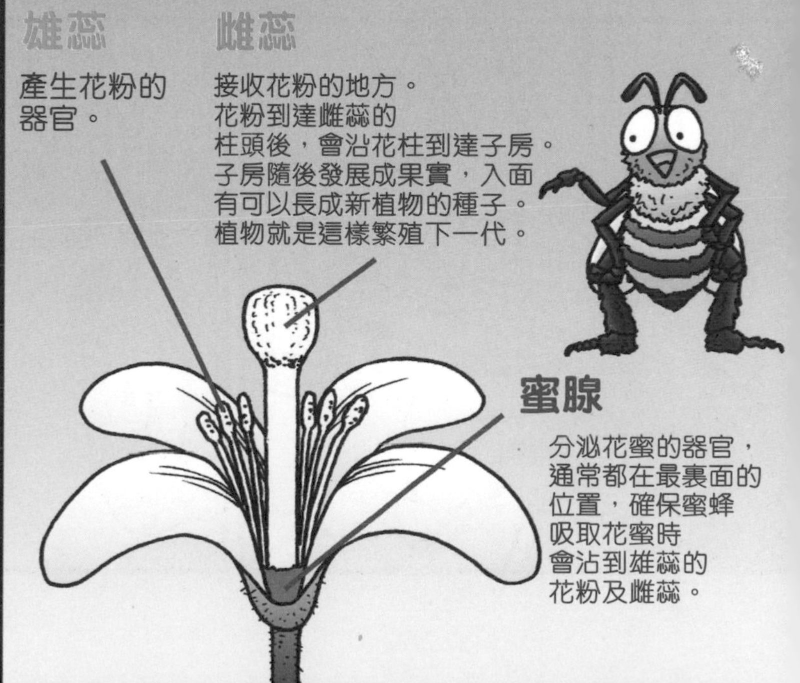
雄蕊
產生花粉的
器官。
雌蕊
接收花粉的地方。
花粉到達雌蕊的
柱頭後，會沿花柱到達子房。
子房隨後發展成果實，入面
有可以長成新植物的種子。
植物就是這樣繁殖下一代。
蜜腺
分泌花蜜的器官，
通常都在最裏面的
位置，確保蜜蜂
吸取花蜜時
會沾到雄蕊的
花粉及雌蕊。

你身上都沾到花粉了喔！
是嗎？好了，去下一朵花。

咦？不是農夫親手給農作物授粉嗎？
就算現在科技比以前先進，人類的農作物仍然依靠蜜蜂授粉！
這樣太費時啦，而且要花很多錢！

衝──

哇！

拉走
夾！
呀！

嗡嗡～！

牠……
牠們是……
是虎頭蜂！
快逃！

有敵人來襲！
敵人？
哪裏？

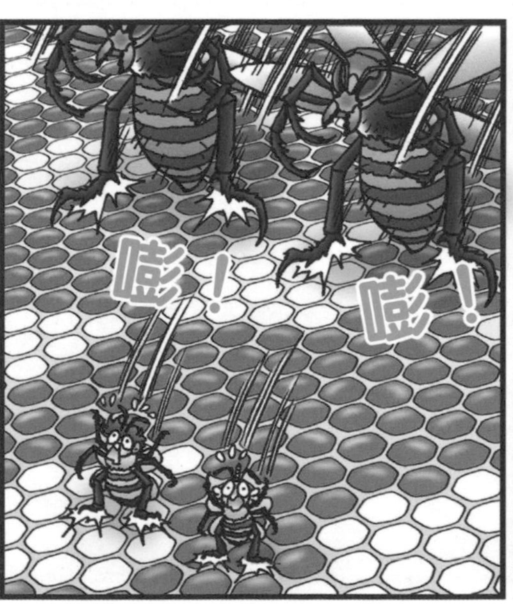
嘭！
嘭！

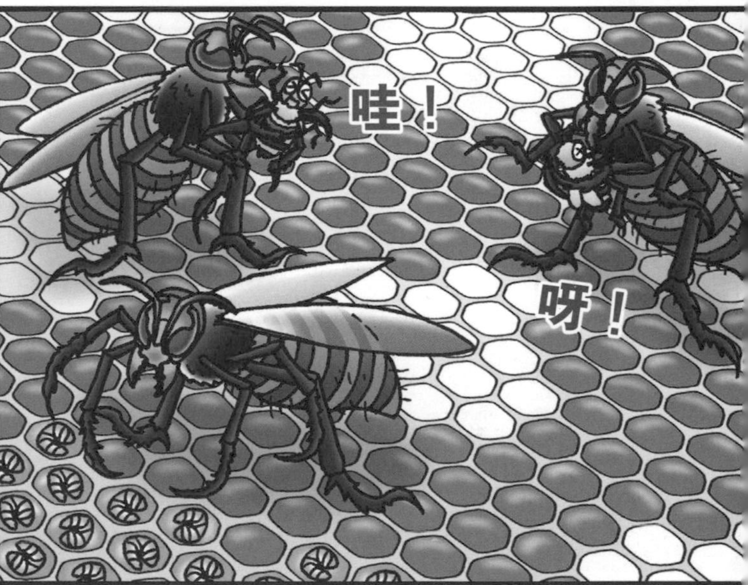
哇！
呀！

衝！

嗡～
嗡～
嗡～
嗡～
嗡～
嗡～
嗡～

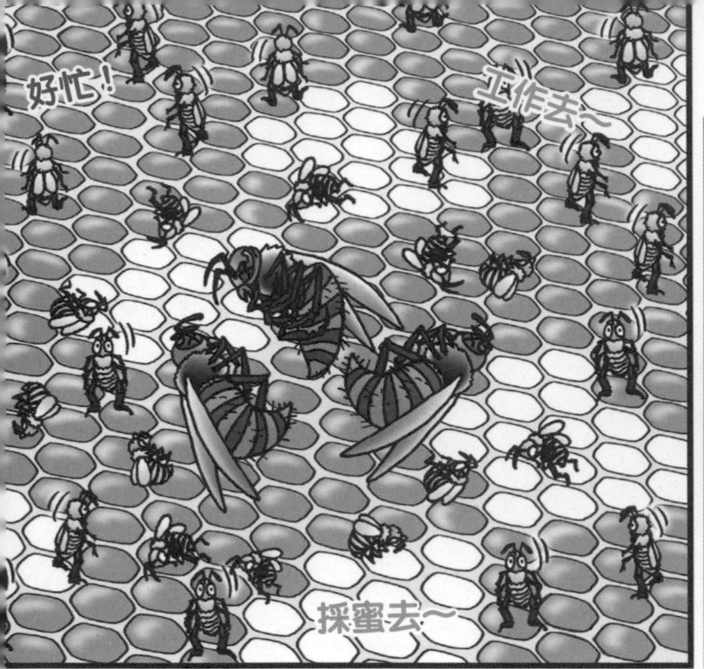

你們沒事吧？
嗯，被那些蜜蜂救了一命啊。

咦？牠們好像不把死掉的同伴當一回事啊。
不過牠們還是奮不顧身救小Q呢！

**牠們要救的不是我。**
你不是說被救嗎？怎麼又說牠們並非救你？


虎頭蜂是來搶牠們的花蜜和幼蟲的，而蜜蜂們要救的是**蜂巢和幼蟲**而已。要是我們在外面遇險牠們才不會救我們。

蜜蜂並不以自己為個體，而是以蜂群為個體，所以每隻蜜蜂都會毫不猶豫犧牲自己！

除犧牲自己的生命外，工蜂完全放棄了繁殖能力，你們看到的幼蟲都不是工蜂自己的後代，牠們卻會盡力幫忙照顧。牠們所做的一切都是利他的行為啊！

那工蜂
趕走雄蜂…
也是為了
蜂群生存啊！

平時行山的時候好像都看不到蜂巢啊，不如趁現在去找一找其他蜂巢吧！
呃，但這次不要再進巢裏好嗎？

好吧，我們就從遠處看看！

結果只找到一個蜂巢呢。
呼…
呼…

為甚麼整個山頭
幾乎都沒有蜜蜂？

這是因為蜂群正在消失。
消失？

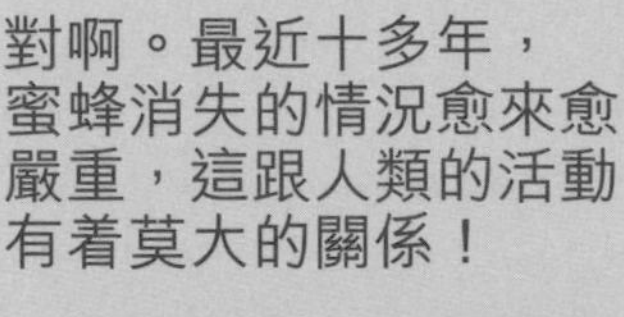
對啊。最近十多年，
蜜蜂消失的情況愈來愈
嚴重，這跟人類的活動
有着莫大的關係！

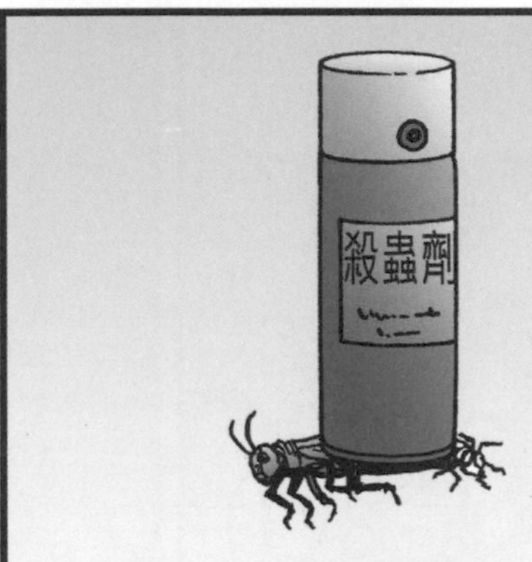
殺蟲劑

農夫使用各種農藥殺滅害蟲，
但同樣也會傷害蜜蜂。

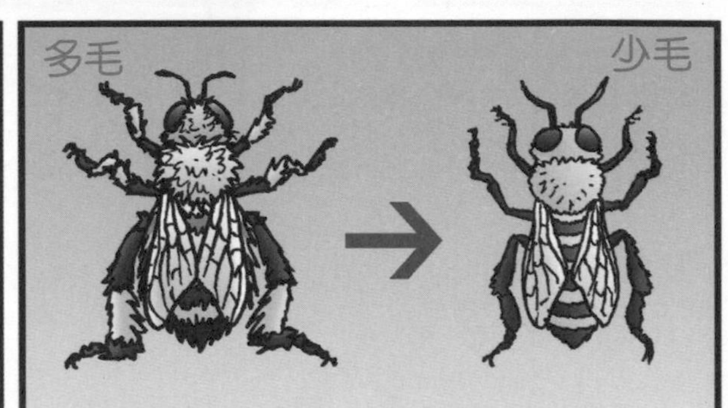
多毛
少毛

有些蜂農會引入外地蜜蜂品種，
當地蜜蜂跟外來蜜蜂交配，產生的
後代身體特徵就會不同，牠們可能
因此變得不適應當地的環境而死亡。

牛奶

如果蜜蜂完全消失的話，
農作物就不能授粉，
連帶牛奶和牛肉
的生產也受影響，
全世界的糧食會變少喔！

我們可以避免使用殺蟲水，
避免傷害蜜蜂，同時減少釋放
有害化學品到環境中！我們也
應該珍惜食物，降低糧產需求，
變相令農夫減少使用農藥！

雖然都是
一些細微的事，
但只要我們做得到，
也能保護對我們
有益的蜜蜂啊！

～完～

# 【你不知道的蜜蜂小知識】

**蜜蜂是一種真社會性生物，一切以蜂群為中心，其防衛本能也很特別的！**

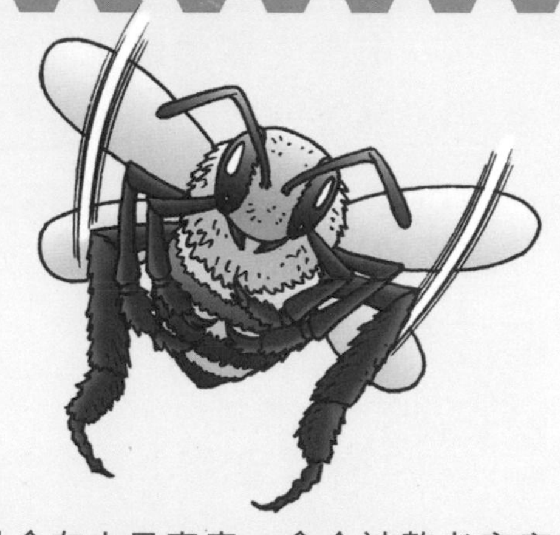

## 死後也會纏着敵人！

**蜜蜂的針有倒刺，叮螫後難以拔出，反而是蜜蜂會因內臟被扯下而亡。原來，這才是牠們捨命攻擊的開始！**

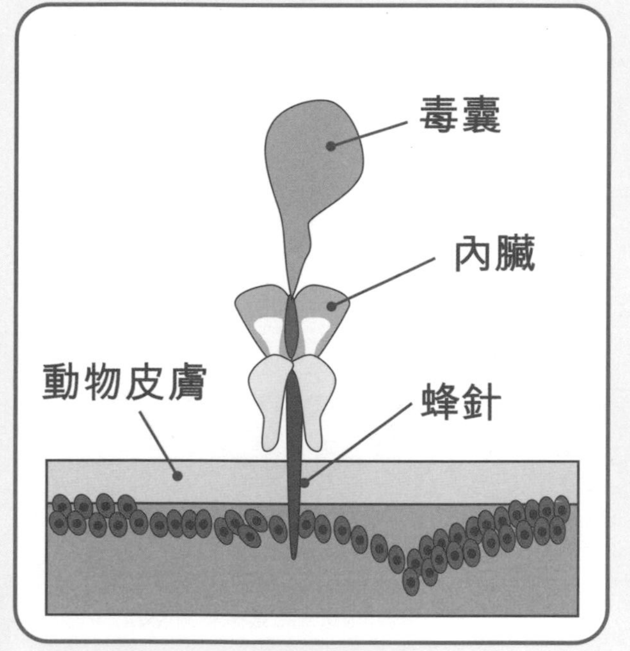


蜜蜂的針含有少量毒素，會令被螫者疼痛腫脹。而那些被扯下的內臟中就包含毒囊，即是説它會一直向對象注入毒素！

另外，那些內臟也會散發出特殊氣味，指示其他同伴向敵人作出攻擊。數百隻蜜蜂的毒素足以把人類毒死啊。

蜂針主要是對人類等大型哺乳動物發出警告，但在面對真正的天敵時，牠們還有一招必殺技！

## 絕招！熱殺蜂球！

**蜜蜂的最大威脅是獵食牠們的虎頭蜂（黃蜂），十多隻虎頭蜂組成的侵略部隊，就足以消滅一個蜂巢的上萬隻蜜蜂。不過牠們還有負隅頑抗的絕招——熱死牠！**

蜜蜂們會一擁而上，把來襲的虎頭蜂包圍得像個球一樣，然後不停振動肌肉，令球內溫度上升至約46℃，超過了虎頭蜂可承受的溫度，把牠熱死。

負責使出熱殺蜂球的通常是年老工蜂，而且有戰鬥經驗的更傾向守在容易遭受反擊的蜂球中心呢。

# 【蜜蜂的產品】

市面上很多蜜蜂的產品，其實都是人類「搶」過來的，你知道它們的原本用途是甚麼嗎？

以下幾款蜜蜂產品是怎樣製造的？對蜜蜂有何用途？請連線配對。

| 製造方法 | 年輕工蜂分泌 | 花蜜發酵 | 壯年工蜂分泌 | 樹脂與蜜蜂唾液混合 | 花粉與蜂蜜混合發酵 |
|---|---|---|---|---|---|
| 產品 | 蜂膠 | 蜂王漿 | 蜂花粉 | 蜂蜜 | 蜂蠟 |
| 用途 | 補充營養 | 工蜂的食物 | 建造蜂巢 | 蜂后的食物 | 殺菌消毒 |

答案：

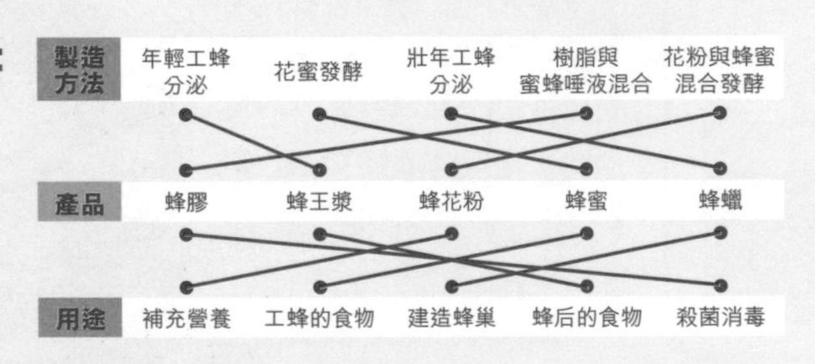

**蜂蜜**

蜜蜂採得花蜜後，在體內不停反芻，再封存到蜂巢內發酵而成。蜂蜜是工蜂的主要糧食，也是製作其他產品的原料之一，非常重要。

**蜂王漿**

只有負責照顧幼蟲的年輕工蜂才可分泌出來，以餵飼將會長成蜂后的幼蟲。那也是蜂后的終生糧食，其營養價值極高，不過味道又酸又澀，跟蜂蜜完全不同。

**蜂膠**

將植物樹脂與蜜蜂的唾液混合成膠狀物，有殺菌功能，是保護幼蟲和蜂后的重要物質。在緊急時，蜂膠也可用作後備糧食。

**蜂花粉**

經過發酵的花粉釋出大量營養，如多種維他命及礦物質，這些營養尤對年輕蜜蜂製造蜂王漿時十分重要。

**蜂蠟**

由工蜂體內的蠟腺分泌的液體，接觸空氣就會立刻凝固，是建造蜂巢的主要材料。工蜂在成長至可離巢執行任務時，蠟腺才會開始運作。

再見小Q
甚麼？
不是吧！
這是總部
商議後的決定。
我們必須保證
所有隊員的安全。
就這麼決定！
通訊結束！
那個黑洞真是
太震撼了！
不要啊…

那個光環
真的
很美麗啊！
但美麗之餘也很可怕呢……
喔！小Q，你在幹甚麼呀？
沒跟我們去看戲～

沒甚麼…在看些
外星星球的資料而已…
忍淚

是了，你們
看了哪齣戲，
那麼興奮啊？
是《星球啟示錄》
啊！看完就像
去了一趟
宇宙旅行呢！

有一幕真是超刺激！
那個星球上的浪竟有數百米高，
真是震撼！

幸好地球上的海洋很平和，
不像戲裏的那麼兇！

想去這樣的
巨浪星球
體驗一下
海洋的威力嗎？
戴上它吧！

噗通!!
呼～呼～
呼～呼～
哇！這是
甚麼地方！
救…
救命…
好可怕的天氣！
你們看！
嗖～
沙沙沙…
呼呼呼～～～

哇！
小心啊！

噗通！
哇！

這…這裏
太危險了！
要快點找個
安全地方！
按下護腕上的
控制器，
就能啟動
噴射背包了。
啊？
小Q你怎麼
懂得飛的？
嗯？

大家！快進去那裏躲一躲吧！

嗄…
嗄…

算了，反正現在
已暫時安全了…
原來環境這麼惡劣！
小Q你怎麼不早說啊！
嚇死我了…
幾乎逃不掉呢…

啊！

緊急警告！
一波風暴潮
即將抵達！

救命啊！

哇！！

嘭！！

呼…幸好
玻璃擋住了…
小Q，這個模擬世界的
環境太惡劣了！可不可以
轉到較平靜的星球啊？

不能。

小Q，怎麼今天
你怪怪的？
對呢，一點都不像
平日開朗的小Q！
我們無法轉到
別的星球，
因為…
這裏正是人類
唯一的家——
地球！

怎…怎麼可能？
地球怎會變成
這樣子的？
這是模擬
電影情節的
冒險遊戲
而已，是吧？
小Q，
到底是
怎麼
一回事？

我們現時身處的世界，
是根據目前地球狀況
推算出來的未來世界。
而這裏，
便是
一百年後
的香港。

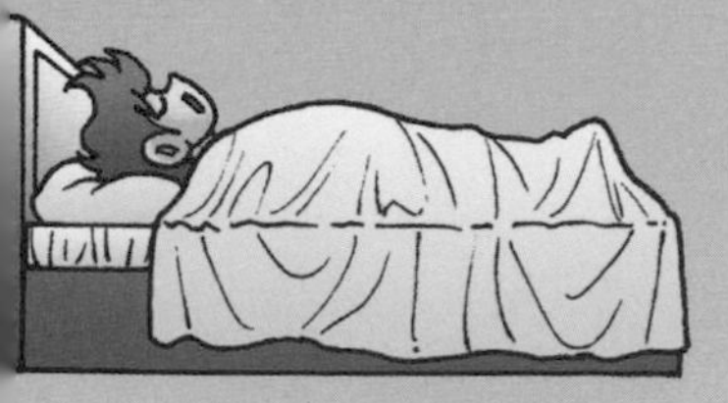

睡覺時我們會蓋被子，
被子愈厚則愈能保暖，
因為它愈能避免體溫散升。

地球的大氣層也
好比被子，可以
把從太陽來的
部分熱力罩住，
讓地球表面保持
一定溫度。

然而當大氣層中某些氣體（最主要是
二氧化碳）含量增加時，就好比為地球
加厚了被子，使地球愈來愈暖，
猶如一個巨型溫室。

這也不錯呀！
冬天起床時也
沒那麼辛苦！
錯了！
溫室效應有 2 個
非常嚴重的後果！

**1）愈趨極端的天氣**

颱風是從海洋獲得能量的。地球暖化，海水也會變暖，颱風獲得的能量也會增加，
威力也會更強！在未來十號風球可能會愈來愈常見！

**2）海平面上升**

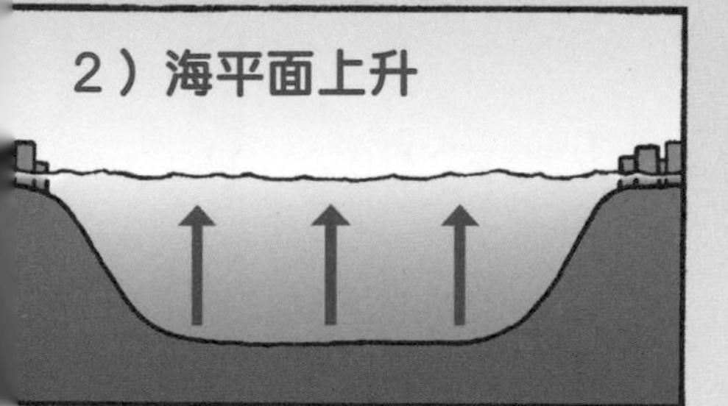

全球有數十億人居於沿海城市，
當中有不少只比現時的海平面略高，
只要海水僅上升半米，也可能使
整個城市被淹浸！與海水對抗，
將成為各沿海城市無休止的競賽。

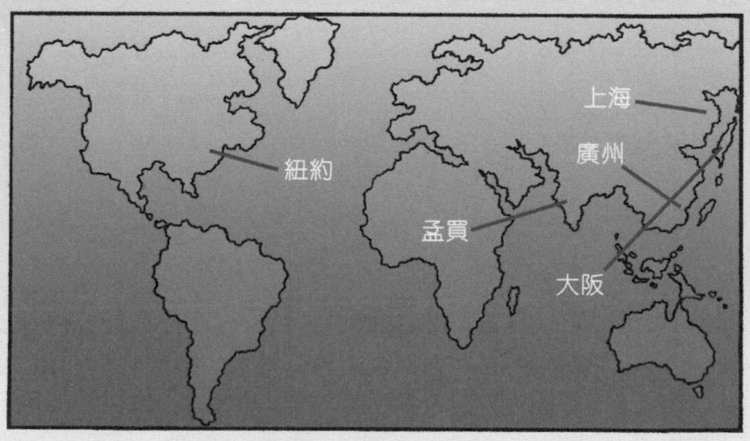


海水上升，紐約、邁亞密、孟買、上海、廣州、大阪等
大城市將會首當其衝！

不，
香港各區
地勢較高，
不會完全
被浸。
可是…


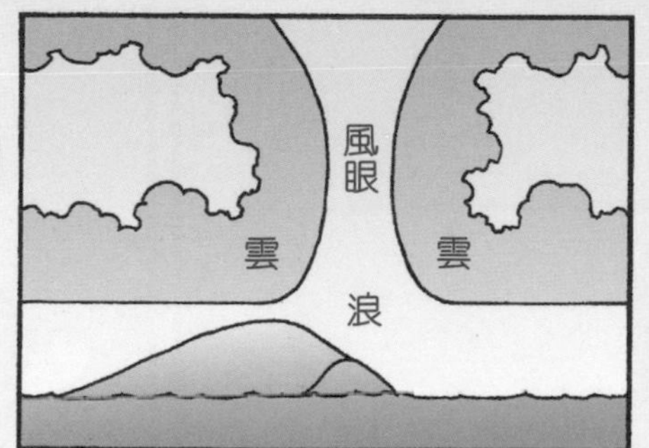


颱風吹襲時，其風力及低氣壓會
引起大浪，稱為「風暴潮」，
若適逢潮脹，海浪可高達 5 米！

若再加上海平面上升的高度，風暴潮
便可能湧到陸上！

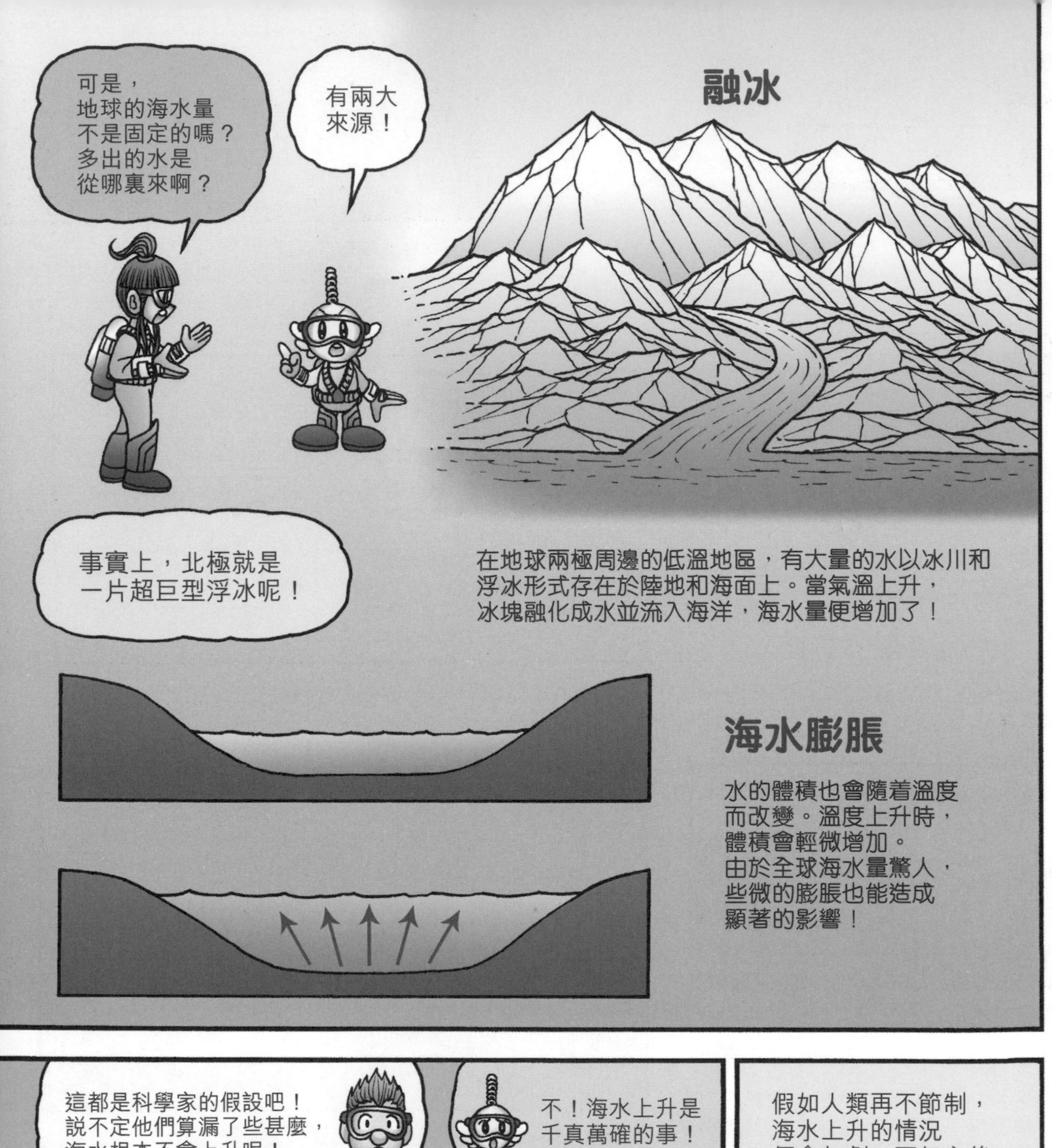
可是，
地球的海水量
不是固定的嗎？
多出的水是
從哪裏來啊？
有兩大
來源！
融冰
事實上，北極就是
一片超巨型浮冰呢！
在地球兩極周邊的低溫地區，有大量的水以冰川和
浮冰形式存在於陸地和海面上。當氣溫上升，
冰塊融化成水並流入海洋，海水量便增加了！
海水膨脹
水的體積也會隨着溫度
而改變。溫度上升時，
體積會輕微增加。
由於全球海水量驚人，
些微的膨脹也能造成
顯著的影響！

這都是科學家的假設吧！
說不定他們算漏了些甚麼，
海水根本不會上升呢！
不！海水上升是
千真萬確的事！
翻查記錄，地球的海平面在過去百多年
已經上升了 20 厘米！
海平面
高度
（厘米）
30
25
20
15
10
5
0
-5
年份
1870
1890
1910
1930
1950
1970
1990
2010

假如人類再不節制，
海水上升的情況
便會加劇，百年之後
就會變成這樣子了⋯

100 年後那麼遙遠，
說不定到時會
有方法解決呢！

科學家就大氣層的二氧化碳濃度變化進行推算，發現如果
情況沒有改善，在 2036-2046 年之間，濃度就會超過大限。
到時候要挽救
就太遲了！
3
2
1
氣溫變化（℃）
暖化大限
2036
2046

要在短短二、三十年間改變全球的能源
使用習慣，可說是非常艱難的。
人類已經沒有可以浪費的時間了。

如果人類繼續污染
下去，地球的命運
就只有走向衰敗…
這樣的話…
宇宙巡邏隊
便會放棄地球…

也就是說…
我也將要離開地球了！

吓！

甚麼…

我不要呀！
小Q不要走！
緊急警告！
新一波風暴潮
即將抵達！

哇！
嘭！
沙！

小Q不要走！
小…Q！
小…

嗚哇！

小Q不要走啊～～～！

其實事情還有轉機的。
總部決定是否把我召回去的考慮因素，就是地球大氣層的二氧化碳濃度。
如果他們看到上升趨勢有所減慢，就不會放棄地球的巡邏，我就可以繼續留下來了！

真的嗎？那麼我們該怎樣做啊？
為了小Q，甚麼我都願意去做！

好口渴！去便利店買些飲品吧！
啊，等等！

膠樽是石油產品，提煉時會產生不少污染…
既然那邊有飲水機，還是少買樽裝產品吧！
為了讓小Q留下來，也為了拯救我們美麗的地球…

喔，看來是時候
要換掉這舊雪櫃了！

爸爸！購買家庭電器，記得要選擇
擁有１級能源標籤的產品，節省能源啊！
ENERGY
能源
我們從自己做起，
同時努力感染身邊人…

喔，網上有聯署
促請美國承諾
減少排放溫室氣體呢…
要叫多些人
支持才行！
關注環保、減少浪費、節約能源，
為減少溫室氣體而努力…

還不算很熱，開風扇
就夠了，不用開冷氣～
希望在還未太遲的時候，
把劣勢挽回…

媽媽！不如待儲滿一機分量的衣服
才洗吧！可以節省電力和水呢！
雖然一個人的力量有限，
但集合起來，也可能改變世界。

因此…

**希望各位讀者，**
**也能和我們一起努力，創造一個**
**低污染的世界，讓小Q和人類**
**都能繼續留在地球好好生活！**
～完～

# 【世界末日的倒數】

## 現在距離地球滅亡還剩100秒！

↑末日時鐘假設地球會在0時0分滅亡，科學家每年因應世界大事調整時間。此鐘設置時是11時53分，但2021年卻已來到11時58分20秒！

這並非危言聳聽，而是美國學術組織「原子科學家公報」所設立的「末日時鐘」，無時無刻提醒我們地球正面臨的危機！

### 末日時鐘的設立

二戰時期參與曼克頓計劃的科學家為美國研發原子彈，他們深深感受到核武帶來的威脅，於是戰後便成立「原子科學家公報」，並在1947年設置「末日時鐘」，呼籲人類正視問題。

## 加速滅亡的兩大因素

### 核戰爭

核武不但殺傷力極大，還會造成長期污染。如果兩個擁有核武的國家開戰，互相發射原子彈，後果不堪設想。

### 全球暖化

溫室氣體過量排放，導致地球氣溫上升，引起大量問題。那麼這些溫室氣體有甚麼作用？為何會威脅地球環境？

↓二氧化碳會吸收陽光中的熱能，把熱力鎖在地球表面，我們才可在這舒適環境下生活。

↓但若二氧化碳含量增加，鎖住過多熱力，地球表面溫度就會上升。

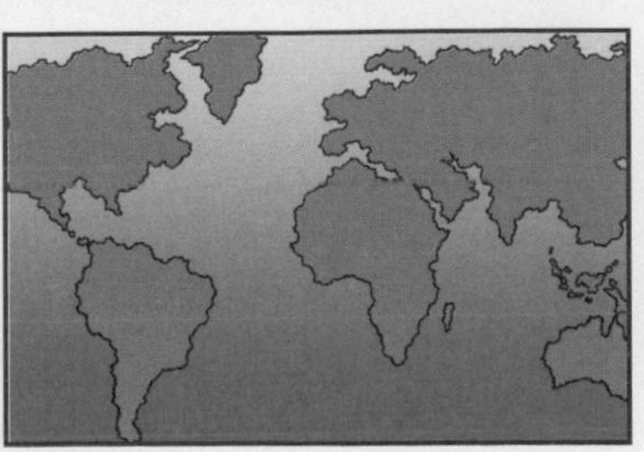

↓之後造成海平面上升、極端天氣等影響！

# 「減少碳排放由每餐做起」

**其實每種食物在製造過程中，也會排放二氧化碳或其他溫室氣體。只要懂得挑選菜式，你也可以輕鬆保護環境！**

你知道以下食物的碳排放量是多少嗎？請由少至多依次序排列。

**答案**

⑥蘋果＜④番茄＜①魚類＜②雞肉＜⑧豬肉＜⑤朱古力＜⑦羊肉＜③牛肉

碳排放是根據食物製作過程計算，例如開墾土地時會把藏在樹木中的碳釋放到空氣中，或從飼料、肥料等排放出來。

當中蔬果類的碳排放量比肉類少約10至50倍之多！不過朱古力和咖啡卻是另類。種植朱古力須開發一大片農田，而咖啡則會排出甲烷，那是一種比二氧化碳更強力的溫室氣體。

肉類方面以野生魚類最少，因為不用開墾土地。牛、羊是反芻動物，消化食物時會令其體內發酵，產生大量甲烷，所以碳排放量遠遠拋離豬肉和雞肉。而且養牛也需要大量土地，因此牛肉成了「最不環保的食物」。

**原來牛隻放屁是名副其實的破壞地球啊！**